总主编简介

吴德星，男，山东省无棣县人。毕业于山东海洋学院，青岛海洋大学物理海洋学博士，现任中国海洋大学校长、教授。

吴德星教授现为国家重点基础研究发展规划（973计划）项目首席科学家，第十一届全国人大代表；兼任教育部高等学校地球科学教育指导委员会副主任委员，国家自然科学基金委员会地球科学部第三、四届专家咨询委员会委员，中国海洋学会副理事长、中国海洋湖沼学会副理事长等多项社会职务。

吴德星教授长期从事物理海洋学研究，曾获省部级多项奖励。2004年起享受国务院政府特殊津贴，2008年由韩国总统李明博授予"大韩民国宝冠文化勋章"。

Great Sea Battles

海战风云

干焱平◎主编

文稿编撰/薛广平 湛雅

图片统筹/姜大伟

插图绘制/张潇羽

中国海洋大学出版社

·青岛·

畅游海洋科普丛书

总主编　吴德星

顾　问

文圣常　中国科学院院士、著名物理海洋学家
管华诗　中国工程院院士、著名海洋药物学家
冯士筰　中国科学院院士、著名环境海洋学家
王曙光　国家海洋局原局长、中国海洋发展研究中心主任

编委会

主　任　吴德星　中国海洋大学校长
副主任　李华军　中国海洋大学副校长
　　　　杨立敏　中国海洋大学出版社社长
委　员　（以姓氏笔画为序）

丁剑玲　干焱平　王松岐　史宏达　朱　柏　任其海
齐继光　纪丽真　李夕聪　李凤岐　李旭奎　李学伦
李建筑　赵进平　姜国良　徐永成　韩玉堂　魏建功

总策划　李华军

执行策划

杨立敏　李建筑　李夕聪　朱　柏　冯广明

普及海洋知识

迎接蓝色世纪

文圣常

二〇二一年三月

中国科学院资深院士、著名物理海洋学家文圣常先生题词

畅游蔚蓝海洋　共创美好未来

——出版者的话

海洋，生命的摇篮，人类生存与发展的希望；她，孕育着经济的繁荣，见证着社会的发展，承载着人类的文明。步入21世纪，"开发海洋、利用海洋、保护海洋"成为响遍全球的号角和声势浩大的行动，中国———一个有着悠久海洋开发和利用历史的濒海大国，正在致力于走进世界海洋强国之列。在"十二五"规划开局之年，在唱响蓝色经济的今天，为了引导读者，特别是广大青少年更好地认识和了解海洋、增强利用和保护海洋的意识，鼓励更多的海洋爱好者投身于海洋开发和科教事业，以海洋类图书为出版特色的中国海洋大学出版社，依托中国海洋大学的学科和人才优势，倾力打造并推出这套"畅游海洋科普丛书"。

中国海洋大学是我国"211工程"和"985工程"重点建设高校之一，不仅肩负着为祖国培养海洋科教人才的使命，也担负着海洋科学普及教育的重任。为了打造好"畅游海洋科普丛书"，知名海洋学家、中国海洋大学校长吴德星教授担任丛书总主编；著名海洋学家文圣常院士、管华诗院士、冯士筰院士和著名海洋管理专家王曙光教授欣然担任丛书顾问；丛书各册的主编均为相关学科的专家、学者。他们以强烈的社会责任感、严谨的科学精神、朴实又不失优美的文笔编撰了丛书。

作为海洋知识的科普读物，本套丛书具有如下两个极其鲜明的特点。

丰富宏阔的内容

丛书共10个分册，以海洋学科最新研究成果及翔实的资料为基础，从不同视角，多侧面、多层次、全方位介绍了海洋各领域的基础知识，向读者朋友们呈现了一幅宏阔的海洋画卷。《初识海洋》引你进入海洋，形成关于海洋的初步印象；《海洋生物》《探秘海底》让你尽情领略海洋资源的丰饶；《壮美极地》向你展示极地的雄姿；《海战风云》《航海探险》《船舶胜览》为你历数古今著名海上战事、航海探险人物、船舶与人类发展的关系；《奇异海岛》《魅力港城》向你尽显海岛的奇异与港城的魅力；《海洋科教》则向你呈现人类认识海洋、探索海洋历程中作出重大贡献的人物、机构及世界重大科考成果。

新颖独特的编创

本丛书以简约的文字配以大量精美的图片，图文相辅相成，使读者朋友在阅读文字的同时有一种视觉享受，如身临其境，在"畅游"的愉悦中了解海洋……

海之魅力，在于有容；蓝色经济、蓝色情怀、蓝色的梦！这套丛书承载了海洋学家和海洋工作者们对海洋的认知和诠释、对读者朋友的期望和祝愿。

我们深知，好书是用心做出来的。当我们把这套凝聚着策划者之心、组织者之心、编撰者之心、设计者之心、编辑者之心等多颗虔诚之心的"畅游海洋科普丛书"呈献给读者朋友们的时候，我们有些许忐忑，但更有几许期待。我们希望这套丛书能给那些向往大海、热爱大海的人们以惊喜和收获，希望能对我国的海洋科普事业作出一点贡献。

愿读者朋友们喜爱"畅游海洋科普丛书"，在海洋领域里大有作为！

斗转星移，岁月流逝，人类从古老的蛮荒之野出发，走过幼稚、走过莽撞，一路艰辛，终于走到今天的灿烂文明。殊不知，几万年来，人类历史每个阶段的文明蜕变都伴随战争而发生，这其中不乏惊心动魄的海战。29个世界经典海战带你见证什么叫做真正的历史传奇：朝鲜名将李舜臣如何巧施妙计，围歼日本海军？北洋舰队致远号管带邓世昌遭遇日军突袭，怎样奋勇杀敌，以身报国？英国将领纳尔逊战功赫赫，英年早逝，却如何让敌人拿破仑奉他为法军精神偶像？德军如何用一艘潜艇奇袭英国海军基地，击沉皇家橡树号却能全身而退？现代海战中有哪些你想象不到的先进科技和秘密武器？

前言 PREFACE

　　当《海战风云》将历史上这些最为经典的海战场面赫然重现在你眼前时，你可能会细数英雄、感慨万千、品评历史得失，但有一点是肯定的，那就是你会更加坚定一个信念：为了全人类的和谐发展，要和平，不要战争！

海战风云

006

目录 CONTENTS

海战风云

008

目录 CONTENTS

"一战"之前的海战

Sea Battles Before WW I

　　这是海战的初始阶段，在那段时间里海洋曾是扩张的战场，笨重缓慢的桨帆船、迎风鼓荡的风帆船、铁皮大炮的铁甲舰也曾是征服的武器，一次又一次海战，改变、推动着人类的历史，如波涛滚滚向前……

桨帆时代的海上战争

此部分包括吴齐海战、萨拉米海战、阿克提姆海战、白江口海战、宋金陈家岛海战。这一时期的海战以排桨战船为主，木质的排桨战船配以弓箭和原始的火器，运用的主要是火攻和撞击战术，往往在近海的浅水水域作战。这一时期战船的材质和规模以及武器装备都处在低水平。

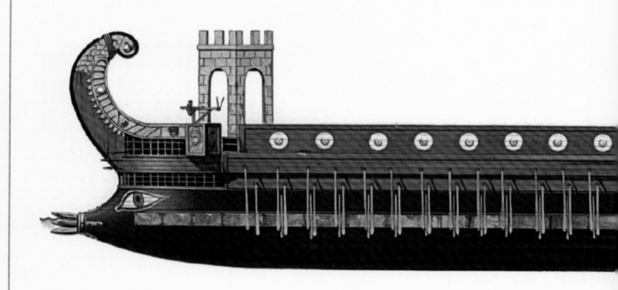

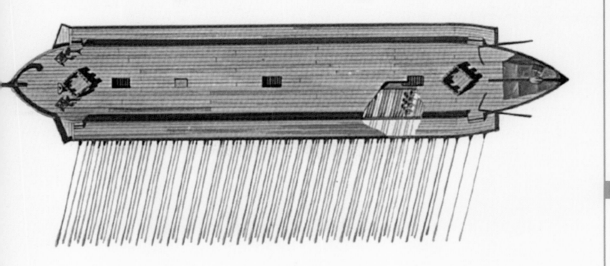

吴齐海战
——中国历史上第一次大海战

春秋时期，为夺取中原霸权，各路王侯混战，狼烟四起。公元前485年（鲁哀公十年），吴会合鲁、邾、郯三国军队由吴王夫差、大夫徐承带领分两路攻打齐国，在黄海与齐国舟师进行了一场海战，史称吴齐海战。

吴齐海战是中国有史记载的第一次海陆协同作战。

海战速览表	
时间：公元前485年	地点：黄海海域
参 战 方：吴国	参 战 方：齐国
指 挥 官：徐承	指 挥 官：不详
装　　备：大翼船、突冒船、楼船和桥船等，弓弩、长矛、长斧和标枪等	装　　备：大翼船、突冒船、楼船和桥船等，弓弩、长矛、长斧和标枪等
投入军力：不详	投入军力：战船300余艘
损失情况：吴军船队损失过半，士兵死伤无数	损失情况：不详

历史回眸

吴国地处偏远江南，在当时中原争霸的局势中处于不利的地理位置。为弥补这一劣势，夫差耗费大量人力、物力、财力开凿了一条贯通长江和淮水两大水系的运河"邗沟"，保障了吴国水军进攻中原地区所需粮草及武器装备的运输。

地利已备，公元前485年，吴王夫差为称霸北方，以齐大夫鲍氏谋杀齐悼公为借口，率师北上，讨伐齐国。

海战爆发

公元前485年春，吴国联合鲁、邾、郯三国，正式出兵北伐齐国。吴王夫差将军队兵分两路，自己亲率主力搭乘内河战船由邗沟入淮河北上，直逼齐国南部边境；同时，派大夫徐承率水军主力从海路绕到齐国后方，远航奔袭，进攻山东半岛。

准备就绪后，吴国水军数百艘战船旌旗招展、迎风破浪，出长江口，沿中国东海岸向陌生的北方海域驶去。

吴国水军长途奔袭，远道而来，对黄海海域岛屿分布及天气情况知之甚少，且缺乏海战经验。相反，齐国本就是临海大国，有着数百年的航海史，拥有一支当时诸侯列国中最强大的水军船队。于是，齐军决定以逸待劳，集中兵力在琅琊台附近伏击吴军。

齐军事先散布谣言，假称齐军畏惧吴军不敢迎战，致使吴国水军更加骄傲轻敌，率领船队浩浩荡荡杀到黄海琅琊台海域，此时的黄海琅琊台海域风大浪高，吴军很多士兵开始晕船，致使船队阵形杂乱无章。而早已在此等候多

↑ 楼船

日的齐国水军船队抓住战机，趁顺风之势用弩和弓箭向吴军船队发起猛烈火攻！一时间，黄海海面鼓声如雷，震天动地，吴军整个船队笼罩在一片"火雨"之中，战场火光冲天，场面极其混乱！

在经历短暂的混乱之后，双方进入最惨烈的接舷战（当时海战的标准战术）。齐军十余艘大型战船包围了吴军船队中最醒目的楼船"艅艎"号。"艅艎"号是一艘巨大的楼船，可以装载数百人，有厚重的木板防护，具有强大的防护能力和战斗力，属于典型的内河战船，但由于体积庞大，速度非常缓慢。

"艅艎"号上的吴军虽然进行了顽强的抵抗，却无力挽回败局，最终被齐军缴获。黄海海战以吴军的惨败和齐军全胜告终。

在水军装备上占有优势的吴军原本以为水路作战胜券在握，结果，却事与愿违。而陆上作战的吴军因为担心齐国水军会转向陆上突袭，也开始全线撤退，吴国对齐国的第一次远征失败而终。

海战余响

吴齐黄海海战是中国历史上有确切文献记载的第一场大规模海战，也是东亚和太平洋地区第一场大规模海战，在中国乃至世界海战史上都具有极其重要的历史意义。吴齐黄海海战说明，当时中国海上作战在武器装备、船舶建造与战术以及航海技术等方面已经成熟并进入大规模运用时期。尤其是吴国水军的远征行动，证明当时中国的航海技术足以支撑起大规模船队的远洋跨海作战行动，标志着中国水上作战力量正式从内河发展到海上。

↓春秋时期的楼船复原图

海战武器与战术

　　吴齐海战使用的战船包括大翼船、突冒船、楼船和桥船等。其中，大翼船船身狭长，下层是库房和船工划桨的地方，上层装载作战的士兵，具有速度快、机动性好的优点，是当时海战的主力船只；突冒船船体坚固，船首装有坚固的金属撞角，专门用于撞击敌舰；楼船是一种具有重楼式上层建筑和攻防设施的大型战船，外观似高耸的楼宇，优势是具备强大的装甲防护能力，可以运载大量士兵和武器装备以及给养物资；桥船则是一种体积小、重量轻、速度快、机动性强的小型船只，主要用于高速冲阵以掩护大型战船。

　　当时的水军配备的武器包括弓弩、长矛、长斧和标枪等陆军武器，还有一种专门用于水战的长钩矛，可以用来钩住敌船、击杀敌军。

吴越争霸

　　吴、越两国都地处长江下游，吴建都于吴（今江苏苏州），越建都于会稽（今浙江绍兴）。

　　春秋中期，晋楚争霸时，晋曾联吴以制楚，吴的国力也日益强大。公元前506年，吴王阖闾和楚亡臣伍子胥率军伐楚，楚军大败，吴军直入郢都。这时楚得到秦的救援，越国又乘虚攻击吴都城，吴乃被迫撤兵。

　　后阖闾死，子夫差继位，于公元前494年伐越，败越于夫椒（今江苏吴县太湖中山），围越王勾践于会稽。勾践求和，请为属国，其后卧薪尝胆，忍辱负重，等待时机复国。公元前487年，吴筑邗城（今江苏扬州）于江北，又开邗沟，连接江、淮，通粮运兵，大败齐兵于艾陵（今山东泰山）；公元前482年，又与晋、鲁的国君及周天子的代表会盟于黄池（今河南封丘）。正当此时越王勾践趁吴国城内守备空虚，大举进攻吴国，夫差被迫让位霸主给晋定公，班师回吴国救援。

　　公元前473年越再度伐吴，夫差战败自杀，吴亡。勾践灭吴

↑吴王夫差

后，越国成为江、淮下游最强大的国家，后率师北上，与齐、晋等诸侯会于徐（今山东滕州），成为春秋时期最后一位霸主。

萨拉米海战
——第一次对世界史产生重大影响的海战

　　萨拉米海战是公元前480年波斯与古希腊诸城邦在希腊半岛附近的萨拉米岛海域进行的一场战争，是希波战争的转折点，是世界上最早的大规模海战。

海战速览表	
时间：公元前480年9月20日	地点：萨拉米岛附近海域
参 战 方：希腊城邦联军 指 挥 官：	参 战 方：波斯 指 挥 官：

提米斯托克利

薛西斯

装　　备：战船（木质）、青铜兵器、 　　　　　铁质兵器	装　　备：战船（木质）、青铜兵器、 　　　　　铁质兵器
投入军力：370多艘战船	投入军力：1 200多艘战船
损失情况：损失40艘战船	损失情况：损失800多艘战船（其中遭遇海上 　　　　　风暴非战斗性损失战船600多艘）， 　　　　　被俘战船50多艘

回眸历史

公元前550年波斯王国建立，经过近半个世纪的对外扩张，到大流士一世在位时期（公元前522年–公元前486年）成为世界古代史上第一个横跨亚非欧的大帝国。公元前480年，波斯国王薛西斯率领50万军队出征希腊。其中，海上军队共有战船1 207艘，总兵力17.5万人，对当时的世界来说，这是一支非常可怕的军队。此时，希腊城邦不得不暂时停止纷争，团结在一起，以雅典和斯巴达为首的33个希腊城邦建立了提洛同盟，共同抵御波斯的侵略。

首战温泉关，希腊陆上军队仅仅抵抗了三天就宣告失守，波斯大军锋芒直指雅典。而此时雅典军民已经全部撤离到希腊半岛南端的萨拉米和埃吉纳两岛，把战场转移到了海上。

在民族、国家危急的关头，希腊城邦紧密地团结在一起，聚集了300余艘战船组成联合船队，在雅典统帅提米斯托克利的率领下退至狭窄的萨拉米海湾，准备迎战波斯船队。萨拉米海湾是一个浅水湾，庞大而沉重的波斯战船在这里尽显劣势，而以中小型战船为主、吃水

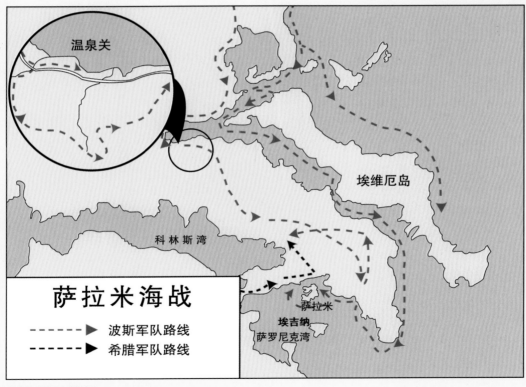

↑ 萨拉米海战形势图

↑萨拉米海战时期所用的三层桨木帆船复原图

浅、机动灵活的希腊船队却得以充分施展拳脚；又由于萨拉米海湾地势狭窄，数量庞大的波斯战船从海湾入口处鱼贯而入，好比是进了一个口袋，不能充分展开作战。不久，波斯船队封锁了萨拉米海湾对希腊城邦联军完成了合围。公元前480年9月20日，萨拉米海战正式打响。

海战爆发

希腊城邦联军派遣一个支队占据海湾西侧的入口，其他舰队分为左、中、右三队，雅典战船在左翼，斯巴达战船在右翼，其他城邦的战船在中间，部署在海湾的东侧，抵御波斯海军的进攻。

薛西斯的先锋战船一字排开向萨拉米湾东侧发起进攻，但是，海湾入口处的岛屿打乱了波斯海军的阵形，波斯海军不得不变阵两队，从岛屿两侧狭窄的水道驶入。波斯海军的战船巨大而笨重，不仅前进速度非常缓慢，也无法转身后退。

相反，希腊联军战船却机动灵活，行驶迅速。他们抓住有利时机向拥挤的波斯船队发动猛烈进攻，不断地向敌船发射火箭，投掷石块。同时，波斯的船队不断遭到"重创"，希腊战船利用船头和船侧包裹金属的横木，频繁对波斯船队进行撞击。体型庞大、移动缓慢的波斯船队只能被动挨打。

经过半天激战，波斯船队伤亡惨重，希腊城邦联军取得了此次海战的胜利。

海战余响

萨米拉海战是天时、地利、人和相结合的以少胜多的经典战例。此后，希腊乘胜追击，不断扩大海上势力，取得了爱琴海的制海权。之后，古希腊文明迅速发展，走向极盛时期。

海战武器与战术

萨拉米海战发生在约2 500年前的奴隶社会，人类走向文明社会不久，此时刚刚学会冶铁技术，海战使用的主要还是木质战船，武器却以铜质和铁质为主，其中前者居多。当然，冷兵器时代弓箭是必不可少的。

希腊海军的战船采用了三层船桨的设计，可有效地提高作战的机动性和灵活性。同时，在船的船头和侧翼安装有类似刀片的横木，用铜包裹着，可以有力地撞击和撕裂敌方战船。

萨拉米海战中，希腊海军统帅运用超凡的战略智慧和灵活的战术并充分利用地理条件，扬长避短，把敌人引入狭窄、吃水浅的海域，最终取得了胜利。

海神波塞冬的庇护

在古希腊的众神崇拜中，海神波塞冬是宙斯的哥哥，和天神宙斯、冥王哈迪斯并列为三界君主。因为在希腊城邦联军退守到萨拉米岛之后，波斯船队对其展开合围的时候，遭到了异常凶猛的风暴袭击，损失了战船600多艘，相当于波斯战船总数的一半，这对后来战争的胜利有着不可低估的影响。希腊人认为这是海神波塞冬对他们的庇护，保佑他们战胜波斯大军，赢得这场正义的战争。萨拉米海战后，希腊人对海神波塞冬更加崇拜，为了纪念战争的胜利，他们铸造了波塞冬的铜像。

↑ 海神波塞冬石雕像

阿克提姆海战
——罗马帝国的前奏

阿克提姆海战是公元前31年屋大维（奥古斯都大帝）与安东尼为争夺罗马的最高统治权而进行的一场海上决战，因为发生在地中海的阿克提姆海角附近海域而得名。战后屋大维建立了罗马帝国，成为罗马帝国第一位皇帝。

海战速览表	
时间：公元前31年	地点：地中海阿克提姆海角附近海域
参 战 方：屋大维军队 指 挥 官：	参 战 方：安东尼和埃及联军 指 挥 官：
 阿格里帕	 安东尼
装　　备：战船（木质）、矛、盾、标枪、弓箭等 投入军力：400余艘战船，4万人 损失情况：（具体数据不详）	装　　备：战船（木质）、矛、盾、标枪、弓箭等 投入军力：500艘战船，10万人 损失情况：损失300余艘战船

回眸历史

公元前44年凯撒被元老院共和派刺杀，第二年，其子屋大维同其部将安东尼、李必达结成"后三头"同盟，与共和派进行激烈斗争，共和派势力不断削弱。随后，李必达的军权被解除，"三头"变成了"两头"对立。不久，安东尼背叛了妻子——屋大维的姐姐屋大维娅，娶了埃及女王克里奥帕特拉，和埃及结成同盟而与屋大维彻底决裂。

海战爆发

公元前31年，安东尼和埃及女王率领10万军队，500艘战船向罗马进军，到达希腊西海岸的安布拉基亚海湾附近。与此同时，屋大维率领的400多艘战船也来到了附近海域，战争爆发。屋大维首先封锁了安布拉基亚海湾的出海口，切断了安东尼军队的海上补给，给安东尼军队带来了很大压力。为避免军心动摇，扭转不利的局面，安东尼命令军队出击，双方大规模会战在阿克提姆海角附近打响。

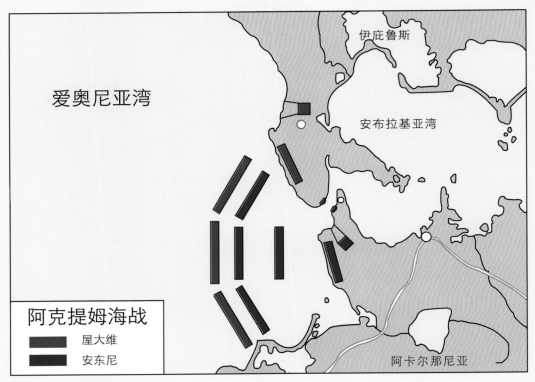

↑阿克提姆海战局势图

↑阿克提姆海战情景图

　　安东尼的船队一字排开，分成左、中、右三队，安东尼亲自指挥右翼船队，同时，把埃及女王的船队编在后队，作为后备部队。针对安东尼的部署，屋大维采取了相应的对策，也把船队分成三队，一字排开，左翼由阿格里帕指挥。安东尼本来的设想是中军和左翼拖住战局，自己带领的船队突破屋大维的左翼，然后迂回到屋大维船队的后方，包抄合围敌军。怎奈他遇到的是古罗马海军名将阿格里帕。针对安东尼的战船体积庞大、笨重的特点，阿格里帕充分利用自己的战船灵活、机动的特点，尽量避免与安东尼的战船进行传统的接舷战，而是保持一定的距离，用弓箭、标枪、石块等展开攻击，同时运用撞角战术和火攻，轮番对安东尼的船队展开不间断的攻击。安东尼的船队损失惨重，更加雪上加霜的是，埃及女王见败局已经不可避免，带领埃及船

↑屋大维雕塑

队仓皇逃离。安东尼的军队崩溃，屋大维取得胜利。随后，屋大维乘胜进军埃及，埃及很快灭亡，成为罗马帝国的一个行省。

海战余响

阿克提姆海战是古罗马共和制后期独裁者之间为争夺最高权力而进行的一次大规模会战。屋大维取得了决定性的胜利，并且吞并了古埃及王朝，进一步扩大了罗马帝国的版图，建立起了一个地跨亚、非、欧三洲的庞大帝国，屋大维也成为罗马帝国的第一位皇帝，罗马开始走向全盛时期。

海战武器与战术

冷兵器时代，标枪、弓箭是战争的必备武器，尤其是远距离作战。同时，木质战船的时代，任何火攻形式都是致命而有效的。

在阿克提姆海战中，安东尼采取的右翼率先突起，突破后埃及船队填补右翼，自己率领本部迂回到敌方后侧围歼屋大维军队的策略是正确的，但是他低估了屋大维船队左翼的实力。阿格里帕能够灵活运用战术，屋大维也具有杰出的临战指挥能力和战略家眼光。同时，埃及女王克里奥帕特拉在战争中仓皇逃离对战局也产生了很大的影响，导致了安东尼军队的溃败。

埃及艳后之死

埃及艳后即克利奥帕特拉，是古埃及托勒密王朝的最后一任法老（也就是国王），也是历史上一位绝色美女。关于她的传说一直没有间断过。这样一位生前身后备受关注的特殊人物，她的死因一直以来是一个未解之谜。普遍的说法是埃及艳后在屋大维攻入埃及之后，用自己饲养的毒蛇结束了生命，但是这一说法的真实性一直遭到质疑。同时，考古学家也在不断地试图从文献、考古等各个方面努力地寻找真相。可历史的真相总是随着时间的流逝慢慢模糊，留给我们的只是如埃及艳后美貌般的神秘想象。

↑克利奥帕特拉

白江口海战
——中日首次海战

　　公元663年的白江口海战，是中国唐朝、新罗联军与日本、百济联军之间发生的一次海战，以唐朝、新罗联军的胜利和日本退败、百济的灭亡而告终。此战是史载中日两国的第一次海上战争，它确立了唐朝在整个东亚地区的主导地位，也改变了朝鲜半岛内部的力量对比，为半岛最终形成统一国家奠定了基础。

海战速览表	
时间：663年（中国唐高宗龙朔三年，日本天智天皇二年）	地点：白江口附近海域
参 战 方：唐朝、新罗 指 挥 官：刘仁轨 投入军力：战船170艘，士兵2万 损失情况：损伤微小	参 战 方：日本、百济 指 挥 官：朴市田来津 投入军力：战船400余艘，士兵7万余 损失情况：日军400余艘战船被焚毁，兵士伤亡惨重

回眸历史

　　公元660年，朝鲜半岛东北部的新罗国受到西南部百济国的进攻，向中国唐朝求援。唐朝遂派大将苏定方，率10万水陆大军渡过渤海和黄海北部进攻百济，以救援新罗。百济城被平定后，苏定方撤兵回国，留名将刘仁轨驻守新罗。百济贵族一部分投降唐军，另一部分不甘灭亡，企图收复故国。百济王室鬼室福信坚守周留城，并遣使赴日本迎接在日本做人质的王子扶余丰回国继承王位，同时向日本求援。正好当时执政日本的改革派遭遇政治危机，需要参战来转移危机。另外，驱逐驻守百济的唐朝军队也是日本占领朝鲜半岛的必由之路。考虑到这两种因素，日本决定接受百济贵族的要求，遣师赴百济。

海战爆发

公元663年8月，日本以援助百济为名，倾举国精锐2.7万人进攻新罗。9月，刘仁轨所率唐军170余艘战船准备从白江口（今锦江口，位于朝鲜半岛西南部）溯江而上时，遭遇了已经先期到达江口的日本水军。当时日本水军虽有船只千余艘，但因船小不利于攻坚，而唐军战船数量虽然不多，却高大结实。一个回合下来，日军便败退了。唐军没有追击，而是摆下阵势，继续严阵以待。日军诸将计议，只要充分利用他们船多势众，全力进攻，便一定能迫使唐军后撤，然后再乘胜追击。于是，日本水军也不讲究战斗队形，蜂拥冲向阵形齐整的唐朝水军。唐朝船队八字摆开，布下口袋阵，任由日军冲向本方腹部。须臾之际，唐朝船队马上左右合拢，将日战船围困其中，居高临下，展开攻击。日本水军被困于狭窄区域，战船互相撞击无法回旋，只得引颈就戮，军士落入水中溺死者不计其数。

刘仁轨率所部水军与日军继续作战，先后四战四捷，烧毁日本战船400余艘，百济两个王子率余众和日军残部投降，此战日军几乎全军覆没。

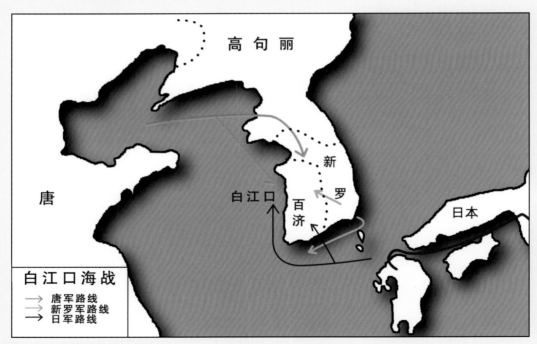

↑ 白江口海战形势图

海战余响

白江口海战，是中、日之间第一次海战。此战后，唐朝确立了在东亚的大国地位，新罗消灭百济，五年之后唐朝又灭亡高句丽，与唐友好的新罗强大起来，逐渐统一半岛。而自此失败的日本也由此认识到自身的不足，打开国门，积极向唐朝学习先进的生产力技术和文化，巩固了"大化改新"的辉煌成果。直至1592年丰臣秀吉入侵朝鲜，日本有900多年未曾向朝鲜半岛用兵。

海战武器与战术

战争期间，日本水军400余艘战船拥成一堆，刘仁轨抓住战机，使用火攻，很快日军战船便陷于一片火海之中。这又是一场靠火攻取胜的战役，可见，在具备天时的条件下火攻是水战的有效战术。

朝鲜半岛的"三国"时代

唐代中早期时，朝鲜半岛上高句丽（公元前37年－668年）、百济（公元前18年－660年）、新罗（公元前57年－935年）三国并存。

高句丽原是位于鸭绿江南、北两岸的一个部族，汉朝时隶属玄菟郡。公元前37年建国，先后定都于今天辽宁的桓仁和吉林的集安一带，313年吞并朝鲜半岛北部的乐浪郡，404年吞并辽东，427年迁都平壤。隋唐时期高句丽控制了朝鲜半岛大部分地区及辽东半岛并不断与隋唐交战，668年为唐朝与新罗联军所灭。

百济位于朝鲜半岛西南部，百济的宗教、艺术、文化、科技十分发达，不但对高句丽、新罗产生重大影响，也将汉字和佛教传播至日本，在东亚的文化传播中起到了举足轻重的作用。660年百济为唐朝和新罗的联军所灭。

新罗位于朝鲜半岛东南部，为了对抗高句丽和百济，新罗是和唐朝关系最好的国家，有频繁的贸易朝贡关系，唐显庆五年至总章元年（660年～668年），利用高句丽、百济和新罗之间的矛盾，唐朝联合新罗，灭百济，孤立高句丽；又乘高句丽内部分裂之机将其灭亡。由此，唐朝与新罗以浿江、泥河（今朝鲜龙兴江）为界，保持友好往来关系。935年新罗亡于复国后的高句丽，新罗时代结束。

宋金陈家岛海战
——中国古代史上最大的海战

  南宋绍兴三十一年（1161年）金军分四路进攻南宋，其中一路水军由胶西（今山东胶州市）海港出发，企图从海道南侵临安，结果在胶西陈家岛（又名唐岛，在今山东灵山卫附近）海域，被南宋水军全歼，这便是著名的宋金陈家岛海战。陈家岛海战是中国古代四大发明之一的火药应用于战争之后发生的第一次大规模海战，是中国古代以少胜多的一个成功战例。

海战速览表	
时间：南宋绍兴三十一年（1161年）	地点：陈家岛附近海域
参 战 方：南宋 指 挥 官：李宝 投入军力：战船120艘，水军3 000人 损失情况：不详	参 战 方：金 指 挥 官：完颜亮 投入军力：战船600艘，官兵7万人 损失情况：金军溺死甚众，被俘3 000余人， 斩完颜郑家等

回眸历史

  宋、金两军在长江黄天荡水战之后，完颜宗弼率金兵北归，此后的30年，金兵未再入侵江南，但金国灭亡南宋的既定方针并未改变。绍兴十九年（1149年）九月，完颜亮篡夺了金朝帝位，第二年便积极部署伐宋。绍兴三十一年（1161年）九月，完颜亮发兵60万分四路南侵：一路由凤翔（今陕西凤翔）攻打大散关，作战略配合，牵制宋军；一路由蔡州（今河南汝南）进军，威胁荆、襄，控制长江中游战略要地，从侧翼掩护主力；一路由完颜亮亲率主力出寿春（今安徽寿县），企图过淮河，渡长江，近窥临安；另由完颜郑家率领一支水军，由山东半岛浮海南下，企图通过杭州湾登陆，一举占领临安。宋金大战的序幕拉开。

海战爆发

绍兴三十一年（1161年），完颜郑家率领一支水军，由胶州湾出发渡海南下，企图通过杭州湾登陆，攻取临安进而灭宋。金国水军拥有战船600余艘，金人士兵2万余人，汉人士兵1万人，水手4万人，是一支相当强大的海上力量。

金军大举南侵的消息引起了南宋朝廷的慌乱，紧急关头，浙西马步军副总管李宝自告奋勇，愿率所部战船120艘、水军3 000人，浮海北上阻击南下的金水军。

八月十四日，李宝率水军自平江（今江苏苏州）起航。出海以后，一连三日狂风大作，船只被吹散，只得后退停泊在明州关澳（今舟山群岛），后收集散船，进行休整。

十月，李宝水军驶抵石臼岛（今山东日照附近）的时候，遇到前来投诚的金国汉族水兵，得知金国水军已经出海，目前停泊在陈家岛（在今山东灵山卫附近）。

金国水军虽然在战船和兵力数量上占绝对优势，但不习水战，水手也多由被迫征来的汉人担任，金国将领却不自知弱点，悠闲迎战。针对这种情况，李宝决定发动突然袭击，以火力破敌。

十月二十七日，风向由北转南，南宋的战船乘风疾驰，突然冲入金军驻地，睡梦中的金国水军一片惊慌，有的扯帆，有的解缆，一下子乱了阵脚。加上狂风巨浪，战船相互撞击，挤在了一起，正好有利于火攻。宋军战船发起攻击，先是放箭，接着又射出火箭。正在金兵混乱时，李宝又下令用最新的兵器火炮，把一个个火球用抛石机抛向金兵船队的上空，这些火球在敌军上空爆炸，里面的石灰和瓦片使金兵无法睁眼。金兵战船的帆多数用油绢制作，一遇火星就燃烧。风助火势，金兵船队成了一片火海，互相撞击，动弹不得。顷刻

↑宋金陈家岛海战示意图

之间，数百艘战船被大火吞没。经过浴血奋战，南宋水军大获全胜，俘虏了金国的重要将领完颜郑家、蒲晕、昭高升等，金军中的汉人士兵3 000余人投诚。

海战余响

此役扭转了南宋被动的局面，破坏了完颜亮吞并南宋的战略计划，也使得金国统治集团内部矛盾激化并促使了完颜亮的败亡。同时，南宋水军此战的胜利也鼓舞了朝野军民抗金的斗志。此后经过"隆兴和约"，宋金大规模战争基本结束，南宋政权得以持续统治100多年，而江南人民也得到了相对的休养生息。

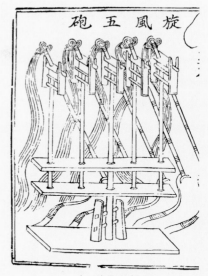

↑ "旋风五砲"

海战武器与战术

据历史学家考证，火药用于海战，不仅在中国，在世界范围内，宋金陈家岛海战都是第一次。右图中的"旋风五砲"即海战过程中提到的用来抛掷火球的武器，一次可抛掷5个火药制成的火球，破坏力在当时是非常大的。宋军就是利用这种新式武器，再加上海战中常用的火攻战术，把金国士兵打得落花流水。

"高科技"赤壁再现

南宋水军以不足3 000人和仅100余艘战船的军力，全歼拥有600艘战船、7万余人的金国水军，宋金陈家岛海战成为以少胜多的典型战例。金军水师的失败原因是多方面的：金兵多来自北方游牧民族，虽体格健壮，善于骑射，但不习水性，不善操舟使船，在海上一遇风浪就难以站立，更别说是作战了；加上他们不得不依靠被抓来的汉人水手操作船只，进退不得自如，虽然战船坚实高大、人数众多，但终究落得狼狈而逃。

另外，金军的船帆多用夹油绢制作，一碰到火便会迅速燃烧并蔓延开来。宋军也正是利用了金军战船易燃这个弱点，再加上可远攻、对风向依赖不强的新式武器"旋风五砲"的使用，乘敌不备，施以火攻，从而一举全歼数倍于己的金国军队。

风帆时代的海上战争

此部分包括东、西方的8场著名海战：勒班陀海战、阿马达海战、鸣梁海战、露梁海战、郑成功收复台湾、洛斯托夫特海战、特拉法加海战、阿索斯海战。

这一时期的海上战争以风帆战船为主要工具，战船的动力和作战的机动灵活性相比桨帆时代的战船有了很大的提高，但还是以木质战船为主，而且采用风动力，对天气的依赖性很大。

勒班陀海战
——西班牙确立霸主地位

　　勒班陀海战是1571年以西班牙王国、威尼斯共和国和罗马教皇为首的欧洲基督教同盟为遏制土耳其在欧洲的侵略和扩张在希腊勒班陀附近海域进行的一场海战，双方投入的兵力和规模都是空前的。此战中土耳其战败，其在地中海的海上霸权就此逐渐丧失，而作为同盟军主力的西班牙在海战后崛起，一跃成为海上强国。

海战速览表	
时间：1571年10月7日	地点：希腊的勒班陀附近海域
参 战 方：奥斯曼土耳其 指 挥 官：	参 战 方：欧洲基督教同盟 指 挥 官：

阿里·帕夏

奥斯特里亚

装　　备：木质风帆战船、火炮等 投入军力：247艘战船，8.8万士兵 损失情况：损失100多艘战船，被俘100多艘 　　　　　战船，损失士兵3.8万人	装　　备：木质风帆战船、火炮等 投入军力：216艘战船，8.4万士兵 损失情况：损失12艘战船，损失士兵1.5万人

↑ 勒班陀海战情景图

回眸历史

1453年突厥人的后裔奥斯曼土耳其军队攻陷了君士坦丁堡，延续千年之久的罗马帝国灭亡。来势凶猛的土耳其铁骑在欧洲大陆肆意驰骋，很快占领了整个巴尔干半岛。面对不同信仰、操着异族语言的外来民族，欧洲基督教各国团结起来，在奥地利的维也纳共同抵御突厥大军的进攻。战争持续了很长时间，土耳其人没有占到任何便宜，欧洲国家之间反而越来越团结，越战越勇。在此之后，土耳其人改变了策略，将目光转移到海上，广阔的地中海海域成为新的战场。

土耳其积极扩建海上军事力量，收编了许多海盗，取得了地中海的制海权。

为了抵御土耳其人的海上进攻，罗马教皇促成了西班牙王国、教宗国、威尼斯共和国、萨伏依公国、热那亚共和国及马耳他骑士团组成神圣同盟，与土耳其展开海上争夺。

↑ 勒班陀海战时期武器：半加农和重型寇菲林

海战爆发

1571年10月7日，双方海军在希腊的勒班陀附近海域发生激战。同盟军摆开阵势，将船队分成左、中、右和预备队

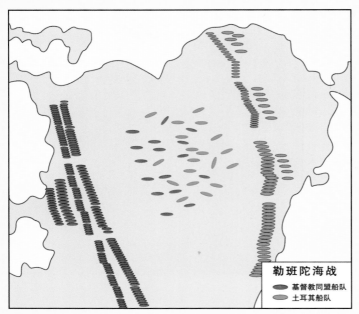

↑勒班陀海战局势图

勒班陀海战
- 基督教同盟船队
- 土耳其船队

四部分。左、中、右各船队一字排开，预备队跟随在中间支队的后面。土耳其的军队在阿里的领导下积极应战。由于作战双方战船数量较多，都尽量避免陷入对方包围，因此，两侧的支队尽量往两边拉开距离，这样自然而然地形成了三个部分，按当时彼此的方位分成南、中、北三个战场。

海战首先从北部战场开始，同盟军船队左军率先发起攻击，炮轰土耳其右翼战船，并将其中几艘击沉，紧接着是又一轮凶猛的进攻。面对突如其来的攻击，土耳其军队右翼顿时陷入被动。为了扭转被动的局面，右翼指挥官试图率队迂回到同盟军左军的后方，但是被对方识破。很快，同盟军将土耳其右翼船队切成两部分进行猛烈攻击，土耳其军右翼损失惨重。

南部战场，土耳其军队面对同盟军右军和预备军两股船队，渐渐处于下风。

中部战场，双方战斗进行得更加激烈，同盟军中部船队的统帅唐·胡安与土耳其统帅阿里展开了正面对决。阿里在接舷战中被击毙，指挥船被俘，土耳其中军顿时大乱，同盟军乘胜追击，大败土耳其海军。

海战余响

勒班陀海战最终以欧洲基督教同盟军的胜利而告终，土

↑加莱赛战船

耳其海军遭到重创，丧失了地中海的制海权，同时，在欧洲各国眼里奥斯曼土耳其军队再也不是不可战胜的。此次海战后，作为同盟军首领的西班牙海军力量得到极大的发展，作为早期的殖民大国，西班牙海军开创了一个新的时代。

海战武器与战术

此次战争主要战船是加莱赛战船和快速排桨船。

在勒班陀海战中，风帆战船得到了极大的应用，它的机动灵活性相比于传统的划桨船更具优势。但是，作为依靠风力推进的战船，风向的不稳定性对船体的影响也是其劣势。

同时，此次海战后，人们发现火器的使用对战争的影响愈来愈重要，火炮渐渐得到发展和改进，对后来的战争起了重大的作用。

Link

青年塞万提斯的爱国情怀

《堂吉诃德》是一部享誉世界的著名长篇小说。该书的作者米格尔·塞万提斯作为世界性的大作家更是家喻户晓。但是很少有人知道，这位才华横溢的作家年轻的时候曾积极参加过战争。1571年，24岁的热血青年塞万提斯参加了勒班陀海战，他作战非常英勇以至于失去了宝贵的左手。也许我们该庆幸，塞万提斯留下了能够写出不朽佳作的右手，而且年轻时丰富的经历对于塞万提斯来说，是之后文学创作的重要来源。这场战争成为塞万提斯一生津津乐道的荣誉，在其作品中也多有表现。而如今这场海战也因为大作家米格尔·塞万提斯而越加有名了。

↑塞万提斯铜像

阿马达海战
——西班牙无敌舰队的覆灭

早期殖民主义时代的1588年，为抢夺海上霸权，英国与西班牙之间在北大西洋海域爆发阿马达海战，这是人类海战史上第一次全部依靠炮舰取胜的海战，"阿马达"西班牙语义即为"舰队"。在这场战争中，曾经赫赫有名、横行海洋的西班牙无敌舰队遭遇重创，老牌霸主西班牙开始走下坡路，英国则开始走向开拓"日不落"帝国的殖民扩张之路。

海战速览表	
地点：北大西洋海域 时间：1588年7月31日～1588年8月9日	
参 战 方：西班牙 指 挥 官：	参 战 方：英国 指 挥 官：

菲利普二世

伊丽莎白一世

装　　备：无敌舰队、火炮、火枪等 投入军力：124艘战船、2 431门火炮，约3万人 损失情况：损失战船80多艘（其中16艘被俘，遭遇风暴损失60多艘）	装　　备：战舰、火炮、火枪等 投入军力：172艘船（并非都是战船）、2 000余门火炮，约9 000人 损失情况：战舰零损失，1名舰长、20余名水手阵亡

历史回眸

伴随早期资本主义发展和文艺复兴运动，16～17世纪欧洲掀起宗教改革运动，新教脱离天主教独立发展起来，英国国王亨利八世确立新教为英国国教，与罗马教皇公开决裂。当时的世界霸主西班牙受传统天主教控制，站在英国的对立面。后英国公开支持尼德兰新教革命，更引起了西班牙的不满，双方开始明争暗斗。英国还在暗中支持海盗不断抢劫西班牙商船，屡屡挑衅西班牙海上霸权。伊丽莎白一世统治时期，英国积极扩建海军力量。此时，西班牙又暗中策划苏格兰女王玛丽取代伊丽莎白，想借此控制英国，后消息走漏，玛丽被处死。英、西两国公开对立，西班牙出兵，企图以武力征服英国。

海战爆发

1588年，西班牙无敌舰队在西多尼亚公爵率领下浩浩荡荡远征英国，英国任命霍华德勋爵统率英国海军及富有作战经验的海盗积极迎战，海盗头目德雷克在此役中对英国进行了大力支援。7月初，双方展开激战，西班牙战船笨重，仍然采用老套的撞击战术和接舷战术，企图用重型火炮近距离攻击敌方，再由士兵攀援占领敌方船只。英国舰队却充分运用自身战船机动灵活的特点，始终保持在西班牙火炮的射程之外，再利用自己火炮射程远、数量多的优势，频繁袭击对方战船，西班牙损失情况明显多于英国。而且由于是远洋作战，开战不久西班牙在食物和水源补给方面也出现了困难，在这种客观形势下，西班

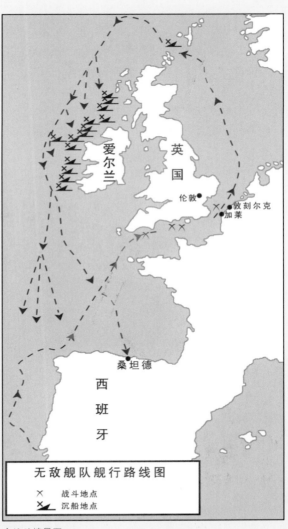

无敌舰队舰行路线图

× 战斗地点

⚔ 沉船地点

↑战斗情景图

牙虽然投入的兵力远多于英国，在战争中却渐渐处于劣势。

也许无敌舰队的覆灭些许带有上帝的旨意，自然的风向也加速了它的灭亡。英军充分利用这次上天给的机会，在上风向绝佳的战略位置采取火攻，将8条装满干柴、硫黄、柏油等物的旧船点燃，火船借着风势飞速撞向西班牙舰队。体积笨重、机动性差的无敌舰队此时只有被动挨打的份儿，英国战船趁势展开疯狂进攻，曾经称霸海洋、威不可当的西班牙无敌舰队沦落为英军的活靶子，只好含恨狼狈败退。返航途中又遭遇风暴，更是雪上加霜，1588年10月到达西班牙时，仅剩43艘残破的战船。

海战余响

阿马达海战是人类海战史上第一次全部依靠炮舰取胜的海战，老牌殖民霸主西班牙从此衰落，英国通过这场战争沉重打击了西班牙的士气，取得了世界性的威望。英国统治者清醒地认识到取得制海权对殖民扩张的重要性，英国迅速崛起并开始向外侵略扩张。

海战武器与战术

阿马达海战英西武器对比

舰 队	船数	加农	皮里尔	寇非林	总计
英 国	172	55	43	1874	1972
西班牙	124	163	326	635	1124

加农和寇非林——前者发射一吨重的铁弹，只有中等的射程；后者炮身较长，炮弹较轻，而射程也较远。英国舰队的长程火炮是西班牙舰队的3倍；反之，在重炮弹、中程火炮方面，西班牙舰队则是英国舰队的3倍。这种在射程和弹重上的差异，也就可以说明双方在战术思想上的不同。英国舰队是在长程战斗方面集中全力，而西班牙舰队则注重中程和短程战斗。英军统帅霍华德推出了一种新战术，大致以纵队的形式接战，灵巧方便。这种战术也是海战革命的先声。

此后海战进入以舰炮战为主的时代，火炮的射程、精准度以及战船的机动性成为战争取胜的关键因素。

旧战新谈

学术界有一种观点认为，1588年后英国开始建立海上霸权、西班牙从此一蹶不振的观点是不能成立的。

英国1588年击败西班牙无敌舰队后，短期内西班牙的海上力量有增无减，菲利普二世从1589年开始建造一支用于作战的海军，其先锋是20多艘大帆船，其海上霸权仍然短暂维持。

战术上英国人对无敌舰队造成的损失微乎其微，西班牙海军的战术更强调纪律和阵形，英国船队比较机动灵活，各有所长。往往机动性强的部队有的时候会打出来漂亮的逆转战役，比如"二战"中的德法战争；但是反过来说，机动性强的部队往往只能打出来战术性胜利，很难持续稳定打出战略性胜利。

"无敌舰队"掠影

西班牙无敌舰队在世界战争史上名气赫赫。16世纪下半叶，西班牙是真正的世界海洋霸主，世界贵重金属开采中的83％为西班牙所得。为了保障其海上交通线和其在海外的利益，西班牙建立了一支拥有100多艘战舰、3 000余门大炮、数以万计士兵的强大海上舰队，最盛时舰队有千余艘舰船。这支舰队横行于地中海和大西洋，骄傲地自称为"无敌舰队"。 无敌舰队分为十个支队，其番号如次：

葡萄牙支队，10艘四桅船和2艘轻快船；卡斯提尔支队，10艘四桅船，4艘武装商船和2艘轻快船；安达鲁西亚支队，10艘武装商船和1艘轻快船；比斯开支队，10艘武装商船和4艘轻快船；古普兹可支队，10艘武装商船，2艘轻快船；意大利支队，10艘武船商船，2艘轻快船；圆船支队，共23艘；差船支队，共22艘；中型帆船支队，共4艘；长船支队，共4艘。

鸣梁海战
——让李舜臣创造奇迹的海战

　　1597年9月16日，日本水军在藤堂高虎的率领下从兰浦出发，准备趁涨潮进入鸣梁海峡向朝鲜水军发起攻击。朝鲜水军主帅李舜臣经过严密部署，在敌我力量悬殊的情况下，大败日本水军，这就是海战史上著名的鸣梁大捷。

海战速览表	
时间：1597年	地点：鸣梁海峡
参 战 方：日本	参 战 方：朝鲜
指 挥 官：	指 挥 官：

藤堂高虎

李舜臣

装　　备：小型关船、安宅船及大型关船	装　　备：龟船、铁索、木桩等
投入军力：战船330余艘	投入军力：战船12艘
损失情况：日军将领来岛通总被杀，战舰沉30余艘	损失情况：不详

回眸历史

日本于1592年发兵入侵朝鲜，但是由于受到朝鲜爱国军民和中国援朝军队的顽强抵抗和坚决回击，不得不于1593年开始议和，以期争取喘息机会，调兵遣将，伺机再战。1597年2月，日本当政者丰田秀吉派遣小西行长、加藤正清统率陆军14万余人、水军数万人和战船数百艘，再次进犯朝鲜。

此时使日军闻风丧胆的朝鲜名将李舜臣将军，因朝中政敌奸计而身陷囹圄，由昏庸无能、贪婪禄位的元均接替其职。1597年7月15日，日本水军突然袭击漆川岛锚地的朝鲜战船，元均毫无准备，猝不及防，遭到惨败，仅12艘战船幸免于难。

海战爆发

朝鲜水军在漆川岛海战中失败后，国王再次任命李舜臣为三道水军统制使（即海军司令）。

日本水军打败元均舰队后，企图在朝鲜水军重建之前将其彻底歼灭。1597年9月16日，日军将领藤堂高虎率领330余艘战船和2万余名陆军官兵从兰浦出发，准备趁涨潮进入鸣梁海峡，向朝鲜水军发起攻击。这时，李舜臣将许多民用船只伪装成战船，列于水军战船之后，用以迷惑敌人。果然不出所料，日本水军很快发现了他们诱敌的商船，并开始追击。李舜臣见日军中计，立即佯装胆怯率船队后撤，一直撤退到鸣梁和珍岛碧波亭之间一水流湍急的海峡处。这时，李舜臣命令船队掉头，他带领着13艘朝鲜龟船顺流冲向庞大的由330余艘战船组成的日本船队。

朝鲜战船远距离首先开炮轰击日本战船，日本战船则以火炮还击，日本战船的防护比龟船要差得多，在首轮炮战之后，日本战船就有20多艘不同程度受到损伤，接着两军的战船互相接近，开始撞击作战，龟船吨位较大及有铁甲保护优势，很多日本战船在被龟船撞击后失去了战斗力。

↑鸣梁海战局势图

整个海面上硝烟弥漫，火焰泅泅，双方士兵的喊杀声、枪炮声、巨大的撞击声，混成一片。 经过三轮战斗，日军主将来岛通总被火铳命中，伤重身死。日本船队失去主将后，无人调度，阵形顿时大乱。

↓火铳

眼见胜利无望，日本战船纷纷转舵逃跑，这时海水已经开始退潮，海峡中湍急的海水急速向外海方向流去，日本战船趁机顺流向东撤退，落在后面的30多只船因退潮水位降低，在海峡口被李舜臣事先布置好的铁索和木桩挡住了去路，在海流的作用下拥挤成一团、互相撞击。李舜臣指挥龟船上密集的炮火和火箭将剩余的30多艘日船逐个歼灭，日军大败。

海战余响

此战朝鲜水军共击沉日本战船36艘，击毙日军4 000余人，重创了日本舰队，粉碎了日军的海上进攻，而且使日本陆军不得不龟缩在南海岸的狭小地带。这也是世界海战史上著名的以少胜多的典型战例。

海战武器与战术

首先，朝鲜水军所使用的战船——龟船，就比日军的小型战船先进许多，战斗力很强，能以一当十。

其次，李舜臣的战略部署很有远见，先是在退潮的时候布置了很多铁索和木桩，涨潮时日本水军进入鸣梁海域，退潮逃跑时战船为铁索和木桩所拦搁浅，遭到朝鲜水军围歼。

Link

李舜臣

李舜臣（1545-1598），朝鲜著名民族英雄，抗倭爱国名将，杰出的军事谋略家。在壬辰卫国战争（1592年～1598年）中，他运用出色的军事战略，指挥朝鲜水军多次击败入侵的日本海军，取得了一系列海上作战的胜利，为整个卫国战争的最后胜利作出了重大贡献，在朝鲜历史上有"第一名将"之称。此战之后，李舜臣移师古今岛，建立了朝鲜的海军基地，与中国水军组成联合舰队，共同实施海上封锁抵御倭寇。

露梁海战
——日德兰海战前世界上规模最大的海战

明万历二十六年（1598年）十一月，朝、中两国水师在朝鲜南部露梁附近海域，同日本水师进行了一场举世闻名的大规模海战，即露梁海战。

海战速览表	
时间：1598年 地点：露梁附近海域	
参 战 方：日本	参 战 方：朝鲜、中国
指 挥 官：岛津弘义	指 挥 官：李舜臣、陈璘、邓子龙
 岛津弘义	 朝鲜/中国
使用兵器：铳、弓、矢、倭刀、火炮等	使用兵器：铳、弓、矢、火炮等
投入军力：战船3 000艘，兵力4.6万	投入军力：朝鲜战船488艘，水师4.8万人； 中国战船500余艘，水师1.3万人
损失情况：日军死亡人数以万计，船只也几 乎全部覆灭	损失情况：不详

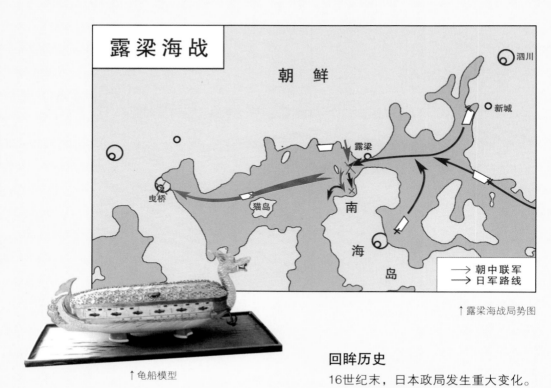

↑露梁海战局势图

↑龟船模型

回眸历史

16世纪末，日本政局发生重大变化。丰臣秀吉以武力统一全国后，于1592年4月发动侵朝战争（中国通常称为"壬辰战争"）。朝中联军大举反攻，连续奏捷，几年内将日军压缩在朝鲜南部一隅。万历二十六年（1598年）八月，丰臣秀吉病死，遗命从朝鲜撤军。当时在朝鲜的日军除第一军主力已先期撤退外，尚有兵力4.6万余人。为了防止日军逃跑，朝中联合军队将其附近海面封锁，严阵以待。

海战爆发

朝中联合军队的主力共有900余艘战船，部署在古今岛（今莞岛）以东海域，掌握了朝鲜西南海域的制海权。明朝水师提督陈璘最先获得日本撤军的情报，决定在海上阻击日军。

万历二十六年（1598年）十一月十一日晨，日本驻朝鲜西南部的第二军部队登船待逃，其先遣船队驶至光阳湾口的猫岛附近海面时，受到朝中联合舰队的拦击，退路被截断，向驻泗川、南海之日军求援。

此时，驻泗川、新城之日军第五军主力，在岛津义弘率领下，已经登船，只待涨潮出航，驶往巨济岛。岛津义弘接到小西行长的求援信后，当即率领这支庞大的船队，于十八日夜，乘月色向露梁海峡疾驶，中途与从南海赶来的宗智义部船队会合。两支船队会合后，于午夜开始通过露梁海峡。

陈璘、李舜臣获悉日援军西进的情报后，立即着手调整部署，决心在露梁以西海面，包围和歼灭支援之敌。明朝老将邓子龙率兵1 000人，驾3艘巨船为前锋，待日船队通过海峡后，迂回到侧后，发起攻击，截断其归路；陈璘率明朝水师为左军，泊于昆阳之竹岛，待机出击；李舜臣率朝鲜水军为右军，进泊南海之观音浦，待机与明军夹击日军。

↑李舜臣之死

十九日凌晨，岛津义弘船队主力大部已出海峡，驶至露梁以西海面。由于敌我力量悬殊，邓子龙旋即被日船队包围，英勇战死。

与此同时，朝中联合舰队的左、右两军分别从南、北两个方向，向大岛以东海面之日本船队主力展开猛烈攻击。李舜臣英勇督战，中弹牺牲。其子鸣鼓挥旗，代父指挥，继续同中国水师并肩战斗。到中午时，日军停止抵抗，大部分战船或焚毁沉没，或被联军俘获。弃船上岸的日军，也在陆上被歼。

露梁海战以朝中联军的辉煌胜利而告终，历时6年的壬辰战争结束，但是名将李舜臣、邓子龙也不幸为国捐躯。

海战余响

露梁海战是在400多年前由朝中水军联合进行的，以切断敌人海上退路为目的的海上战役。这次战役给侵朝日军以歼灭性重大打击，对战后朝鲜200年和平局面的形成起了重要作用。

海战武器与战术

双方火药武器的使用已经占据主要地位。

朝鲜水师所用的战船中，李舜臣创造的"龟船"很有特色。这是一种大型战船，上覆盖板，板上有十字小槽，小槽以外的地方，遍插利刃及锥尖。前为龙头，龙口是铳穴；后为鱼尾，尾下亦有铳穴。两舷各有6个铳穴，铳穴下有槽8～10条。龟船甲板坚固，机动灵活，攻击和防护能力强。

郑成功收复台湾
——中国古代海战史上最大的登陆作战

顺治十八年（1661年）三月，郑成功率2.5万名将士从金门出发，分乘几百艘战船，浩浩荡荡向荷兰殖民者侵占的中国台湾进发，经过浴血奋战，侵略军头目被迫在投降书上签字，被侵占达38年之久的台湾，终于重归中国版图。

海战速览表	
时间：顺治十八年（1661年）	地点：台湾海峡
参 战 方：荷兰	参 战 方：中国
指 挥 官：揆一	指 挥 官：郑成功
装 备：战舰、火炮、排枪等	装 备：战舰、火炮、铳等
投入军力：舰艇多艘，兵力2 800余	投入军力：大小船只数百艘，兵力2.6万
损失情况：荷舰被毁数艘，战死饿死者千余	损失情况：不详

回眸历史

台湾自古以来就是中国的领土。崇祯十五年（1642年），荷军侵占台湾，实行残酷的殖民统治，激起了台湾人民的强烈不满和坚决反抗。为了取得抗清复明的基地，避守金、厦一带的郑成功开始筹划驱逐荷兰殖民者，收复台湾。恰好此时一位当过荷兰人翻译的台湾商人向郑成功进献了标明台湾水道和要塞设防情况的要图，同时表示愿为向导，这对郑成功下定决心收复台湾起了重要作用。

海战爆发

顺治十八年（1661年）正月，大陆各省基本被清军占领，抗清运动已进入尾声。郑成功感到形势紧迫，决定攻取台湾作为立足之地，于是作出了进军台湾的决策。

荷兰侵略者为了阻止郑成功收复台湾，进行了一系列的战争准备，修建了热兰遮城、赤嵌城等大型碉堡，集中了大量军备物资。

为了能顺利收复台湾，郑成功也进行了一系列战前部署，如加强侦察、筹集粮饷、建造舰船、训练水师等。水师分为两个梯队：第一梯队由郑成功亲自率领，先期出航，共有大小船只数百艘、将士2万人左右；第二梯队由黄安等率领，共有船只20余艘、将士6 000人。

顺治十八年四月初一中午涨潮之际，所有战船顺利通过鹿耳门水道，成功登陆，后立即调整部署，为从海、陆两方面打退荷军的反击做了准备。

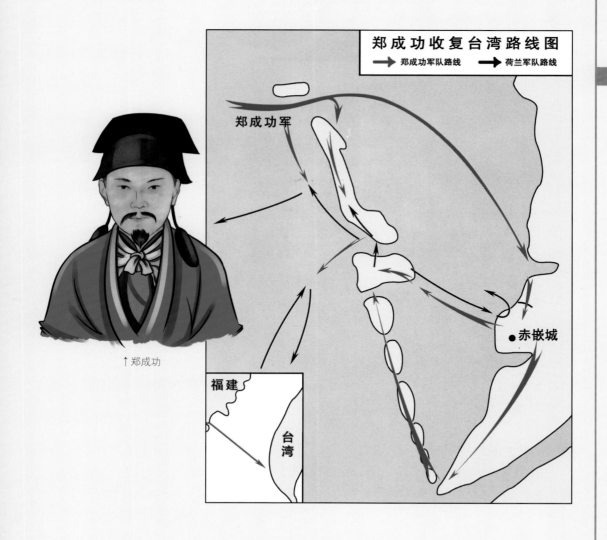

↑郑成功

郑 成 功 收 复 台 湾 路 线 图

→ 郑成功军队路线　→ 荷兰军队路线

郑成功军

赤嵌城

福建

台湾

↑攻下赤嵌城

在海上，郑成功以60艘战船将荷舰包围，击沉荷兰的主力军舰"赫克托"号，接着又烧毁了它的甲板船1艘，陆上荷军阻击也遭到失败。五月四日，赤嵌楼荷军守备司令描难实叮率部投降。二十六日，郑军开始攻打台湾城，由于城池坚固，强攻一时难以奏效。为减少伤亡，郑成功决定采取长期围困措施。

八月十二日，考乌率领荷兰援军700余人，战船10余艘，由巴达维亚到达台湾增援，企图配合台湾城守军进行反扑。九月十六日，双方在海上交战。郑成功亲统陈泽、罗蕴章等所率战舰在海上迎击。郑军水师一部隐蔽岸边，当敌舰闯入埋伏圈后，火炮齐发，经过一个小时的激战，击毁、烧毁荷舰2艘，俘小艇3艘，歼敌130余人（一说480人）。

荷军此次海战失败后，士气更加低落，加之粮柴匮乏，疾疫流行，战死饿死者达1 600多。郑军则进行休整，加筑工事，架设巨炮，准备继续攻城。在围困台湾城8个月后，郑军发动总攻，下令炮轰乌特利支堡，经两小时炮击，在南部打开一个缺口，当天占领了该堡。郑军立即将此堡改建成炮垒，居高临下向台湾城猛烈炮击。荷兰侵台总督揆一见大势已去，遂于1662年2月1日在投降书上签字，被侵占达38年之久的台湾，终于重归中国版图。

海战余响

郑成功收复台湾的战争，是中国海战史上的一次大规模成功登陆作战，是以劣势装备战胜优势装备的突出战例。此战的胜利，结束了荷兰侵略者对台湾人民的殖民统治，捍卫了中华民族的利益，显示了中国人民从来就不能容忍自己的领土任人宰割的斗争传统，为中华民族抗击海外侵略者、维护祖国神圣领土的完整统一创造了光辉的业绩，郑成功也因此成为受人景仰的民族英雄。

海战武器与战术

此时的战争武器已经发展到大威力的火炮，荷兰军队更是有排枪等先进火药武器，在火器的使用上优于当时的郑成功军队。这次胜利的取得，除了人民群众的拥护和支持及战士作

↑赤嵌楼

战勇敢外，果断而出敌不意的作战指挥也是一个极其重要的原因。郑军节节胜利，却能够保持冷静，在切断城内外援的情况下，持续包围台湾城达8个月之久，后一举攻占并以此为据点，最终拿下台湾城，使台湾重新回到祖国的怀抱。

郑成功纪念馆

郑成功（1624-1662），本名森，又名福松，字明俨，号大木，福建省南安市石井镇人。隆武帝时赐姓朱并封忠孝伯，俗称"国姓爷"。为了纪念郑成功收复台湾的伟绩，1962年在纪念郑成功收复台湾300周年之际，坐落于厦门鼓浪屿的郑成功纪念馆隆重开馆。全馆分为7个部分，展出各种文物、资料、照片、雕塑、模型300余件，比较系统地展示了郑成功的生平事迹。郑成功的一生，闪耀着不可磨灭的爱国主义光辉。他光复与开发台湾的伟大业绩，将永远彪炳史册。

洛斯托夫特海战
——纵火战争的艺术

　　洛斯托夫特海战是1665年英国与荷兰两国为争夺海外殖民地和海上霸权在北海海域发生的一次海战，因发生在英国的洛斯托夫特海港附近而得名，是第二次英荷战争（1665～1667年）的一部分。

海战速览表	
时间：1665年6月13日	地点：英国洛斯托夫特海港附近的北海海域

参 战 方：英国 指 挥 官：	参 战 方：荷兰 指 挥 官：
詹姆士·约克	雅各布·奥普丹
装　　备：战舰、战列舰、纵火船、火炮等	装　　备：战舰、战列舰、纵火船、火炮等
投入军力：战舰109艘、纵火船28艘、合计 　　　　　4 200门炮，2.2万人	投入军力：战舰103艘、11艘纵火船、合计 　　　　　4 900门炮，2.1万人
损失情况：损失2艘战舰，伤亡和被俘约 　　　　　1 000人	损失情况：损失舰船14艘，被俘18艘，6 000 　　　　　人被俘或战死

回眸历史

　　1660年，英国资产阶级和新贵族与君主立宪派达成妥协，斯图亚特王朝复辟，查理一世的儿子返回英国登上王位，称查理二世。查理二世极力扩充自己的势力，在登基后不久就授予英国海军"皇家海军"的称号，并任命自己的弟弟詹姆士·约克公爵为海军统帅。同时，在对外政策上，查理二世借着第一次英荷战争的胜利之势，继续对荷兰展开更加富有进攻性的外交政策，颁布了针对荷兰的更加苛刻的新《航海条例》，并且不断地对荷兰广阔的海外殖民地展开新的攻势。1663年，英国组织"皇家非洲公司"开始进攻荷兰在非洲西岸的殖民地，并于1664年占领了该地区，企图从荷兰人手中夺取一本万利的象牙、奴隶和黄金贸易。1664年4月，英国海军一支远征军占领了荷兰在北美的一处殖民地——新阿姆斯特丹，并将其重新命名为纽约。

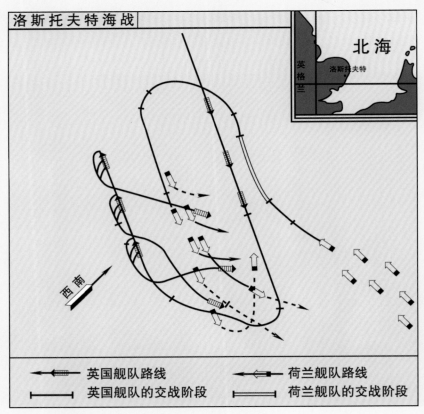

↑ 洛斯托夫特海战局势图

第一次英荷战争失败后，荷兰一直在养精蓄锐，大规模地扩建海军，军事实力有了大幅度提高。面对英国肆无忌惮的侵略挑衅，此时的荷兰已经忍无可忍。1665年2月22日，荷兰正式向英国宣战，第二次英荷战争爆发。第二次英荷战争主要发生了6场大的海战，区域集中在多佛尔海峡和北海海域。洛斯托夫特海战就是其中一场重要的海战。

海战爆发

1665年6月13日，洛斯托夫特海战正式拉开序幕。刚开始，荷兰海军占据上风向，这在风帆战舰年代是十分有利的形势。但是，荷兰却错失良机，在风向变为逆风时才发动进攻，双方摆开阵势，炮火齐射。英国利用风向的有利因素，用纵火船对荷兰的战舰进行攻击，借着风势，纵火船就像一条条海面上的鱼雷，冲向荷兰的战船，荷兰此时也继续加强对英军的炮火攻势，一时间双方的战船队列乱作一团，打得不可开交，甚至还发生了接舷战。

混战持续了一整天，最后，荷兰海军统帅雅各布·奥普丹海军上将的旗舰被击沉，雅各布·奥普丹本人当场身亡，荷兰海军陷入群龙无首的境地，各战船纷纷逃离战场。此时，英

↑ 第二次英荷战争

国船队由于之前交战的混乱状态，也没有组织起来有效的追击，丧失了进一步扩大战果的机会。但是，英国最终取得了洛斯托夫特海战的胜利，重创了荷兰海军。

海战余响

洛斯托夫特海战是第二次英、荷战争期间英、荷双方以海军主力决战的战役之一，它的胜利使英国继续保持海上的优势，并继续压制着荷兰的海上军事力量。

海战武器与战术

纵火船在此次海战中起到了十分关键的作用，可以说是当时海战中最危险的、唯一一种能摧毁大型战列舰的武器，威力相当于战舰时代的鱼雷。

洛斯托夫特海战中出现专门的纵火船给各海上强国以很大的经验和启发。各国开始建造专门的纵火军舰，海军各种舰船的职责也更加明确，战列舰成为重要的海战军事装备，火炮的性能也有了很大提高。

此次战役中双方共用大炮近万门，攻击力和精准度较以前都进一步加强，海战开始以大规模的主力舰队大决战为主。

"黑死病"的爆发

黑死病是人类历史上最严重的瘟疫之一，对欧洲的影响尤其严重。在中世纪欧洲黑死病的几次大流行给欧洲各个阶层带来了严重的灾难。根据统计，中世纪欧洲约有1/3的人死于黑死病。1664年到1665年黑死病在欧洲再次爆发，此时正值第二次英荷战争之际，但是，战争给英国带来的损失却远远不及黑死病的危害，这场天灾使欧洲各国再次陷入恐慌的境地。

↑黑死病场景

在英国，单是伦敦就有10万人被夺去了生命，占到了该市总人口的近1/4，严重影响了英国的民心和军心，同时给政府财政带来了相当大的困难。 荷兰也没有免于这场灾难，但是，荷兰充分利用了这次机会展开外交的攻势，争取到法国和丹麦的支持，使得荷兰在第二次英荷战争中的一段时间内处于有利的国际形势和战略地位。

特拉法加海战
——英国确定海上霸主地位

特拉法加海战发生在1805年10月21日，是英国与法国、西班牙联合舰队进行的一次海上大战，这次海战把拿破仑征服英国的梦想完全击碎，100年来的英法海上争霸战从此结束。它使英国获得了一个海洋帝国，驰骋欧洲大陆不可一世的拿破仑也不得不承认这场战争的失败。同时，这场海战也是帆船时代最后一场大规模的海战。

海战速览表	
时间：1805年10月21日	地点：西班牙特拉法加附近海域
参 战 方：英国海军 指 挥 官：	参 战 方：法国、西班牙联合舰队 指 挥 官：
纳尔逊	维尔纳夫
装　　备：战舰、战列舰、纵火船、火炮等 投入军力：战舰27艘、合计2 148门火炮，1.7万人 损失情况：未损失一艘战舰，伤亡和被俘449人	装　　备：战舰、战列舰、纵火船、火炮等 投入军力：战舰33艘，2 000多门火炮，2万多人 损失情况：损失舰船1艘，被俘10艘，伤亡和被俘7 300多人

回眸历史

18世纪后半期英国率先开始工业革命，经过半个世纪的发展，生产力水平飞速提高，对原料和资源的大量需求，使其加大了对殖民地的掠夺，这势必会加剧各殖民大国之间的矛盾。法国作为一个海外殖民的大国，与英国之间不断地产生利益冲突，英、法矛盾渐渐成为主要的矛盾。此时，法国正处于大革命的高潮期。1804年12月2日拿破仑自己加冕为皇帝，成立法兰西第一帝国，法国在欧洲的势力空前，又与西班牙、荷兰结成盟友。与此同时，英国、奥地利、俄国组成第三次反法同盟。在陆地和海上，双方开始了激战。

海战爆发

1805年10月21日，特拉法加海战拉开序幕。战前，英海军统帅纳尔逊召集各舰的首领召开作战军事会议，并制定了对敌作战的策略"纳尔逊秘诀"，简单地讲，就是将舰队分成三个支队，其中一个支队由纳尔逊自己亲自率领，从对方舰队的中部切断敌军阵形；副将柯林伍德带领另一支队攻击敌军后卫舰队；借着敌军舰队混乱之际由第三支队——预备队瞄准敌方旗舰进行猛烈进攻。

在战争过程中，法西联军统帅维尔纳夫发现英军舰队后，急忙命令舰队掉头转向更利于自己的加的斯港。由于事出仓促，维尔纳夫的急躁情绪影响到了全军，一时间，舰队的阵形略显混乱。

↑拿破仑

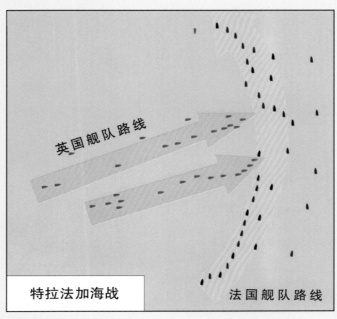

英国舰队路线

特拉法加海战

法国舰队路线

↑特拉法加海战局势图

　　纳尔逊敏锐地觉察到这一点，果断地改变作战计划，将舰队分成两队，自己率领一队截击维尔纳夫的前卫部队，柯林伍德带领另一队包抄敌舰的后卫部队，使法军的首尾不能相顾。

　　海战进行得相当惨烈，从凌晨到下午，法西联军舰队损失将近一半，只剩下了18艘战舰，联军内部更是传出了不和谐的声音，有些舰队只顾保全自己，各怀鬼胎，甚至一位军官将自己的舰队开到远离炮火的海域，致使法西联军舰队被分割成两块；更糟糕的是，部分舰船之间发生了自撞事件。

　　而反观英军方面，舰船几乎没有什么损失，但是他们的统帅——纳尔逊却在指挥战斗中不幸中弹。

　　下午4时，特拉法加海战落下了帷幕，英军大获全胜，法西联合舰队损失惨重。

风帆舰队

海战余响

特拉法加海战是19世纪规模最大的一次海战，也被称为"帆船时代最后一场大规模海战"。 英国军事理论家富勒在《西洋世界军事史》中评价说："无论从哪一方面来说，特拉法加海战都是一场值得记忆的会战，对于历史具有广泛的影响。它把拿破仑征服英国的梦想完全击碎了。100年来的英法海上争霸战从此结束。它使英国获得了一个海洋帝国，这个帝国维持达一个世纪以上。"

海战武器与战术

特拉法加海战将帆船时代的海战演绎到了极致。在武器装备对等的条件下，领军人物的才能和军队的素质此时就成为战争胜利的关键。英军统帅纳尔逊凭借其卓越的军事才能，精心布局，敏锐地观察敌情和环境的变化，真正做到了知己知彼。

让对手致敬的传奇将领——纳尔逊

纳尔逊是英国历史上的传奇将领，被誉为"英国皇家海军之魂"。在 1794年土伦的战斗中，他的右眼被打瞎。在1797年的圣文森特角海战中纳尔逊一战成名，被晋升为海军少将，获得勋爵封号。同年，在加那利群岛的战斗中，他失去了右臂。他的精神一直都是英国海军的榜样。在特拉法加海战指挥作战中，他不幸被狙击手击中，子弹穿过肺部，射入了他的脊柱内，在英军最后一击的隆隆炮火中，纳尔逊闭上了眼睛。临终前，他交代将剪下的一缕头发和订婚戒指，一起送给未婚妻艾玛。英勇卓越的纳尔逊不仅是英国的民族英雄，就连目空一切的拿破仑都对他倍加推崇。纳尔逊的死讯传到拿破仑那里，他命令法国所有的军舰都挂上纳尔逊的画像，以纪念这位伟大的将领，同时以他作为法军学习的榜样。

↑纳尔逊

特拉法加海战情景图

阿索斯海战
——俄罗斯的崛起

阿索斯海战是1807年俄罗斯与土耳其在希腊的阿索斯半岛附近海域进行的一场海战。俄罗斯通过此战的胜利扩大了自己在东地中海的影响力，同时，也在高加索和近东地区与土耳其的竞争中获得优势。

海战速览表			
时间：1807年7月1日		地点：爱琴海上的阿索斯半岛附近海域	
参 战 方：俄罗斯		参 战 方：土耳其	
指 挥 官：谢尼亚文		指 挥 官：赛义德·阿里	
装　　备：战列舰、巡航舰、火炮等		装　　备：战列舰、巡航舰、火炮等	
投入军力：战列舰10艘，巡航舰1艘，辅助船1艘，火炮754门		投入军力：战列舰10艘，巡航舰5艘，轻巡航舰3艘，辅助船2艘，火炮共1196门	
损失情况：未损失一艘战舰		损失情况：损失战舰7艘，轻巡航舰1艘	

回眸历史

俄罗斯自建国以来，尤其是彼得大帝即位后，不断对外侵略扩张，领土面积持续扩大。到女沙皇叶卡捷琳娜在位时，通过克里米亚地区的争夺战，俄罗斯取得了黑海的出海口，将自己的势力范围扩展到黑海和东地中海地区。此时，俄罗斯南部邻国的奥斯曼土耳其帝国已经衰落，其黑海和地中海地区广阔的领土自然成为俄罗斯垂涎的对象。1807年6月，俄罗斯海军在谢尼亚文海军中将的带领下远征土耳其占据的希腊群岛，很快就封锁了东地中海海

↑谢尼亚文

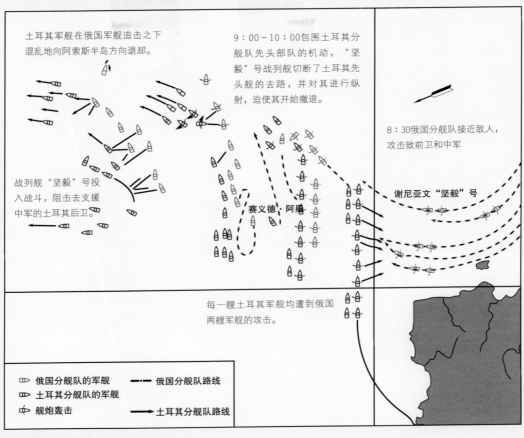

土耳其军舰在俄国军舰追击之下混乱地向阿索斯半岛方向退却。

9：00～10：00包围土耳其分舰队先头部队的机动，"坚毅"号战列舰切断了土耳其先头舰的去路，并对其进行纵射，迫使其开始撤退。

8：30俄国分舰队接近敌人，攻击致前卫和中军

谢尼亚文"坚毅"号

战列舰"坚毅"号投入战斗，阻击去支援中军的土耳其后卫。

赛义德·阿里

每一艘土耳其军舰均遭到俄国两艘军舰的攻击。

- 🚢 俄国分舰队的军舰
- 🚢 土耳其分舰队的军舰
- ⚓ 舰炮轰击
- ----- 俄国分舰队路线
- —— 土耳其分舰队路线

↑阿索斯海战局势图

域。为了打破俄罗斯人的海上封锁，土耳其在海军将领赛义德·阿里的率领下展开了对俄罗斯的作战。7月1日，俄、土双方在阿索斯半岛附近海域展开激战。

海战爆发

　　从双方的力量对比上看，不管是战舰还是火炮的数量上，土耳其海军都占有优势。考虑到这一点，俄罗斯统帅谢尼亚文制定了作战计划，打算集中优势兵力重点围攻土耳其海军的旗舰，首先干掉旗舰以引起土耳其海军的混乱，然后乘机收拾其他船舰，正所谓"擒贼先擒王"。为此，他命令俄罗斯海军舰队抢先一步占领了上风向。

↑阿索斯海战情景图

清晨时分，战斗打响，按照谢尼亚文的作战方针，俄罗斯的舰队借助风势像箭一样朝土耳其海军的旗舰冲了过去，不给土耳其军队留任何喘息机会。很快，土耳其海军的旗舰被俄罗斯海军牢牢困住，后卫舰队企图对旗舰展开救援，但是因为遭到俄罗斯舰队的猛烈炮火阻击而未能成功。土耳其海军陷入被动局面，一时间群龙无首、混乱不堪。

战斗一直持续到下午，土耳其的舰队遭受到重创，旗舰被俄罗斯海军俘获，残余舰队不得不撤回本土。在俄罗斯海军的穷追猛打下，土耳其的舰队几乎全军覆没。

海战余响

在阿索斯海战中，俄罗斯海军能够取得胜利，得益于海军统帅谢尼亚文的卓越指挥和正确的作战方针。此次海战之后，俄罗斯巩固了在黑海地区的势力，同时也奠定了俄罗斯海军在东地中海的地位，使俄罗斯的领土和势力范围进一步扩大。而土耳其的再一次失败导致其地位和国力从此更加衰落，欧洲列强也更加清楚地看到了这一点，土耳其面临着更大的危机。

海战武器与战术

在阿索斯海战中，占主导的海战武器仍然是风帆战列舰和火炮，在船只的配备和先进性方面，双方差别不大。除去数量方面的差别，作战的战术成了至关重要的因素。谢尼亚文制定的战术思路是海战史上的一个巨大进步，集中优势兵力进攻旗舰，犹如先损毁敌人的大脑一样，从而使对方陷入被动的局面，是在以少对多情况下的上乘策略，虽然存在一定的风险，但却造就了一场以少胜多的经典海战。

奥斯曼土耳其帝国海军

奥斯曼土耳其帝国海军对于奥斯曼土耳其帝国在欧洲和北非地区的扩张起到了很重要的作用，包括征服阿尔及利亚、埃及等北非地区。后来阿尔及利亚及希腊相继沦陷后，由于疆域过于辽阔，奥斯曼土耳其帝国的海军力量及对海外地区的控制力有所减弱。

苏丹（即国王）阿布杜勒·阿齐兹在位时试图打造一支强大的海军，于是政府大力扩建海军，使其规模仅次于英国和法国，一下跃居海军强国的行列。1886年奥斯曼土耳其有了自己的首艘潜艇。但是，奥斯曼土耳其帝国糟糕的经济难以支撑其海军的发展，到苏丹阿布杜勒·哈米德二世时轻视海军的建设和发展，所以在俄土战争中丝毫体现不出奥斯曼土耳其海军的优势，最终一败涂地。

↑命运坎坷的"谢尼亚文海军上将"号

铁甲舰时代的海上战争

本部分包括5场重要海战：汉普顿海战、利萨海战、中日甲午战争黄海海战、加勒比大海战、对马海战。

工业革命初期，科学技术给人类带来的进步初显成效，在军事领域也得到了体现，制炮技术的提高让海军舰炮的口径、射程、精度空前提高。铁甲战舰的防御性也大大加强，这个时期的海战可以说是现代化海战的前奏。

汉普顿海战
——装甲舰的首次对决

　　汉普顿海战是美国南北战争时期（1861年4月～1865年4月）发生的一场海战。这场海战的规模不大，南、北双方战成平手，但正是这场海战宣告了木质战船成为历史，海战进入了装甲舰的时代，对世界战争史有着深远的影响。

海战速览表

时间：1862年3月8～9日	地点：汉普顿停泊场（美大西洋沿岸诺福克附近）

参 战 方：美国北方海军 指 挥 官：	参 战 方：美国南方海军 指 挥 官：

路易斯·戈尔兹伯勒

富兰克林·布坎南

装　　备：装甲舰、护卫舰、汽船、火炮等 投入军力：5艘大型军舰，数艘炮舰和汽船 损失情况：损失2艘战舰	装　　备：装甲舰、护卫舰、汽船、火炮等 投入军力：1艘装甲舰，5艘护航舰 损失情况：无战舰损失

回眸历史

1860年，反对奴隶制度的北方共和党人林肯当选为总统，1861年1月南方各蓄奴州成立"南方同盟"，随即成立临时政府。4月12日，南方军队对北方不宣而战，美国内战（南北战争）爆发。

战争初期，南方军队采取速战速决的战略思想，取得了一连串的胜利。面对攻势凶猛的南方军队，北方军队一方面顽强抵抗，另一方面展开对南方的海上封锁，试图切断其经济命脉。因为南方以种植园经济为主，大量的棉花出口外销，尤其是欧洲市场是其重要的海外市场，可以说海上封锁对南方有致命的影响，所以海上的争夺成为战争很关键的一步，南、北双方都努力扩建海军，修造战舰。由于科技革命的推动，武器装备也更新换代，双方的海军开创了海战史的新时代，装甲舰登上历史的舞台，其中最有名的要数"弗吉尼亚"号和"莫尼特"号。

↑林肯

↑ "弗吉尼亚"号和"莫尼特"号

海战爆发

1862年3月8日，南、北双方海军舰队在汉普顿地区的海域发生激战。南方海军将经过改进的全蒸汽动力装甲舰——"弗吉尼亚"号投入战斗。一时间在这艘包裹着两层4英寸厚铁甲的家伙面前，北方军队的舰船

切萨皮克湾

霍姆斯河

◎ 汉普顿停泊场

楠西蒙德河

汉普顿海战

↑汉普顿海战局势图

接连遭到重创，损失了两艘战舰。其他的战舰见此情况不得不暂时避退到本部安全的水域，等待战机的到来。

　　3月9日的清晨，北方舰队展开反攻，不是因为他们不考虑"弗吉尼亚"号的强大装备，而是他们有了自己的装甲舰——"莫尼特"号，这艘比"弗吉尼亚"号设计更先进、作战能力更强的装甲舰趁着夜色赶来增援陷入被动的北方海军，同时也为他们带来了信心和反击的勇气。

　　人类海战史上的第一次装甲舰之间的经典对决上演了。"弗吉尼亚"号和"莫尼特"号你来我往，双方炮弹齐发，并且还尝试过撞击战术。尽管是蒸汽动力推动，但由于是全铁甲装备，战舰总体的灵活性和机动性有一定欠缺，导致了弹药的填充和射程受到影响，作战的半径范围大大降低。虽然在设计上"莫尼特"号比"弗吉尼亚"号略胜一筹，但是这种差别在战斗中体现得不是十分明显，经过4个小时的激战，双方不分胜负。最终，南、北双方舰队各自退回到自己的控制范围。

海战余响

表面上看汉普顿海战双方打成了平手，但实际上北方海军还是牢牢地掌握着制海权，南方海军没有突破北方海军的封锁，依然处于不利的局面，这种局面对南北战争的结果产生了重大影响。

海战武器与战术

装甲舰"弗吉尼亚"号和"莫尼特"号的投入使用，掀开了人类历史尤其是海战史上的新纪元，改变了过去利用风帆和人力作动力的时代，科学技术促进了武器装备的发展和创新，开始在战争中发挥至关重要的作用。

Link

人类历史上第一艘参与战争的装甲舰——"弗吉尼亚"号

"弗吉尼亚"号的前身是"梅里麦克"号，是当时美国装备最现代化的军舰，全蒸汽动力，装配了50门火炮，为北方海军所有，停泊在诺福克军港。后来南方军队占领了诺福克军港，"梅里麦克"号没能够及时撤离，在万般无奈的情况下，官兵将其凿沉。后来，南方海军将其打捞上来并进行了改装，在木质的船体上包裹了厚达8英寸的铁甲，安装了铁甲炮塔，并且重新配备了12门6～9英寸口径的火炮；除此之外，还安装了撞角，将其命名为"弗吉尼亚"号。

↑ "坎伯兰"号被"弗吉尼亚"号撞沉

利萨海战
——蒸汽铁甲舰时代的开始

利萨海战是意大利与奥地利在亚得里亚海的利萨岛附近海域进行的一场海战，以奥地利的胜利而告终。这场海战标志着人类的海战史从风帆时代正式进入蒸汽铁甲舰时代。

海战速览表	
时间：1866年7月20日	地点：亚得里亚海利萨岛（现克罗地亚维斯岛）附近海域

参 战 方：意大利	参 战 方：奥地利
指 挥 官：	指 挥 官：

佩尔萨诺

冯·特格特霍夫

装　　备：装甲舰、巡洋舰、火炮等	装　　备：装甲舰、巡洋舰、战列舰、火炮等
投入军力：11艘装甲舰，5艘巡洋舰，3艘炮舰	投入军力：7艘装甲舰，7艘炮舰，6艘巡洋舰、1艘战列舰
损失情况：3艘装甲舰	损失情况：不详

奥地利舰队

亚得里亚海

利萨海战

意大利舰队

利 萨

↑利萨海战局势图

回眸历史

1866年，普奥战争爆发，普鲁士宰相俾斯麦利用外交手段积极争取意大利的支持，促成了普鲁士与意大利的结盟。普奥战争开始不久，意大利就打着统一的大旗对奥地利宣战。然而，战争刚开始，意大利陆军就在库斯托扎（今意大利东北部）遭遇失利，意大利随即采取积极的策略，决定将战场转移到海上，于是意大利海军进攻奥地利占据的利萨岛，利萨海战爆发。

海战爆发

1866年7月中旬，意大利海军在总司令佩尔萨诺的率领下浩浩荡荡向利萨岛出发，7月19日意大利海军的"强大"号战舰遭遇沿岸的奥地利火炮攻击，不得不暂时返回就近的安科纳暂作休整。第二天，奥地利的救援舰队到达，双方在海上交火。

↑利萨海战情景图

奥地利海军虽然在实力上不如意大利海军，但是战前奥地利统帅做了周密的部署，充分分析了与敌方的差距，决定打破现有海战战术的局限，采用复古的撞角战术，同时将阵形做了调整，总体按楔形（即"V"形）排列，阵形相对比较松散，面对意大利的火炮攻击时更有利于及时调整。

意大利面对奥地利的这种战术，一时间不知所措。作为意大利海军统帅的佩尔萨诺的平庸表现也足以证明他不是一个合格的军事指挥家。战争一开始，他就离开了原定的旗舰，将指挥部临时转移到"铅锤"号（"铅锤"号是在英国建造的，其装备和设计都处于当时世界的一流水平）装甲舰上，以便更有力地打击敌人。但是，旗舰发生转移的情况只有部分舰队得到了通知，这对整个舰队统一执行统帅命令产生了不利影响。

奥地利海军及时抓住主将换乘战舰这一有利的时机，向意大利舰队发起了攻击，猛烈的炮火加上疾驰而来的撞角战船，意大利海军顿时陷入被动混乱的局面。由于整支意大利舰队并未全部获悉主将转移旗舰的消息，所以大部分舰船对于"铅锤"号舰上发出的指令无动于衷。在这样的情况下，意大利海军只能各自为战，在奥地利海军频繁有效的攻击下，意大利海军溃败，余部逃回了安科纳，奥地利海军取得了海战的胜利。

海战余响

利萨海战以奥地利绝对胜利而告终，利萨岛的危机解除了，强大的意大利舰队遭到重创。但是局部的胜利不等

↑特格特霍夫在指挥

于整个胜利，对于整场普奥战争来说，奥地利最后还是失败了，并且丧失了德意志诸邦的领导权。

海战武器与战术

在利萨海战中，蒸汽铁甲舰队间进行了首次交锋，这是工业革命成果的应用，同时也是海战史上的革命，开创了海战的新时代，海战中海军战舰的灵活性、机动性得到巨大的提高。这场海战标志着海战从风帆时代正式进入蒸汽铁甲舰时代。

利萨海战中奥地利海军采用的"V"形阵引起了当时各国的普遍重视，对于这之后的各国海军战术起了很大的影响。此外，利萨海战中奥地利海军复活了古老的撞角战术，在此次海战中相当奏效，于是在此后的半个世纪里，多数国家的军舰上都安装了撞角。

伟大的将领——冯·特格特霍夫

欧元作为一种具有世界影响力的货币，其版式经过精心设计编排，在其上的名人头像更足以说明了这些名人的影响力。2004年发行的20欧元的纪念币上刻印的正是冯·特格特霍夫的头像。

冯·特格特霍夫（1827年12月23日－1871年4月7日），奥地利帝国海军上将。他率领奥地利海军在利萨海战中一举挫败意大利海军，成为奥地利的民族英雄。作为一个指挥者，他在海战中所表现出来的高明的指挥战术和非凡的勇气，足以让他位列19世纪最伟大的海军指挥官的行列。为了纪念冯·特格特霍夫这位伟大的将领，1877年在当时奥地利帝国的波拉（现克罗地亚的普拉）竖立起了冯·特格特霍夫的纪念碑。

↑特格特霍夫纪念碑

中日甲午战争黄海海战
——中国近代最大的海战

　　中日甲午战争是中国近代史上规模最大、影响深远的一次战争，战争期间的黄海海战是双方海军的主力决战。此战之后，北洋舰队躲进威海卫，日本海军取得制海权，控制了战争的进程，并最终取得战争胜利。明治维新后的日本在这次侵略战争中获利，从此走上了侵略的道路，而清政府则更加积贫积弱。

海战速览表	
时间：1894年9月17日　　地点：鸭绿江口大东沟（今辽宁省东港市）附近海面	
参 战 方：日本 指 挥 官：	参 战 方：中国 指 挥 官：

装　　备：铁甲舰、巡洋舰、炮舰、鱼雷艇等 投入军力：军舰12艘 损失情况：军舰未沉1艘	装　　备：铁甲舰、巡洋舰、炮舰、鱼雷艇等 投入军力：军舰10艘 损失情况：被获战略物资不计其数，军舰沉没5艘

回眸历史

　　1894年7月25日，日本舰队在黄海东部的丰岛海面袭击中国军舰并击沉运兵船，悍然挑起战争。为避免战事，清政府直到8月1日才正式宣战，中日甲午战争爆发。9月中旬，日军分四路进攻平壤的中国驻军，此时，清政府和日本同样面临向朝鲜派送援军的形势，清政府派北洋舰队（铁甲舰2艘、巡洋舰8艘、炮舰2艘、鱼雷艇4艘）护送援朝士兵登陆朝鲜后，迅速撤离；日本联合舰队则在完成护送援军任务之后，继续搜寻北洋舰队主力，终于在鸭绿江口大东沟附近的黄海海面展开了一场激烈的海战。

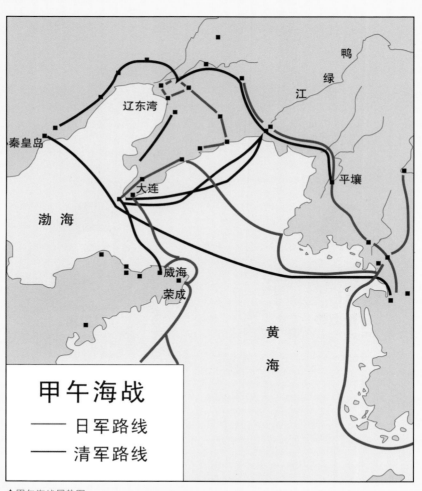

↑甲午海战局势图

海战爆发

9月17日上午11时许，北洋舰队突然发现西南方向海面一支舰队向北驶来，各舰立即进行迎战准备。提督丁汝昌乘"定远"号旗舰率领10艘军舰以双纵队出击，日军舰队航行序列则是单纵队。当与日军接近到一定距离后，北洋舰队全队构成一个"人"字形的雁行阵。

日舰队起初计划攻击北洋舰队的中央，后发现北洋舰队将火力较弱的舰船置于两翼，于是便开始猛攻北洋舰队的右翼"超勇"、"扬威"两舰。这两艘军舰上的官兵虽不畏强敌，奋力抵抗，但终抵挡不住敌舰的猛烈炮击，中弹起火，退出战场。

"定远"号上的舰桥和旗号索具被炮弹炸毁，丁汝昌等人负伤，命令发不出去，北洋舰队局势一度混乱，后由右翼总兵刘步蟾接替指挥，稍后在大东沟海湾的"平远"号、"广丙"号两艘巡洋舰和数艘鱼雷艇闻讯赶来救援，同日本主力相遇。但由于前来支援的舰艇火力较弱，清军没有从根本上改变自己在战场上的被动态势。

15时半，"致远"号沉没，管带邓世昌等246名勇士壮烈殉国；"扬威"号管带林履中愤而跳海自尽；"经远"号以一抗四，管带林永升顽强抵抗，被炮弹击中，"经远"号于16时40分沉没，舰员死亡231人。

此时，日舰队的战斗力是清舰的两倍，日舰遂采取围攻战略，双方僵持不下，战至17时许，伊东佑亨见其主力各舰已无力再

↑甲午海战资料图

战，"西京"号等三舰又不知去向，遂于17时30分向南撤退。

这场海战持续了5小时，北洋舰队损失"致远"号等5艘军舰，其他各舰也受到不同程度的损伤。日本联合舰队的"松岛"号等5艘军舰遭受重创，"聚歼北洋舰队"的意图未能实现，但却抢得黄海制海权。

海战余响

总体来说，以清军这样一支还处在封建时代的旧式军队来对抗日军那样一支迅速崛起的近代新式军队，胜负似乎是显而易见的。甲午战争中日双方的不同结局，也使两国走上了完全不同的道路：日本从此走向殖民侵略；中国主权却进一步丧失，半殖民地半封建的程度大大加深，其间的历史教训发人深省。

海战武器与战术

北洋舰队在黄海海战中之所以失败，从海上作战指挥方面看，与所采取的战术有很

大关系。由于武器设备的落后，北洋舰队基本上是采取冲击战术，将战斗力最强的铁甲舰摆在中央，而使两翼成为弱点，易被对方击破。

"定远"号复原图

日本舰队采取的则是炮击战术，特别是以速射舰炮实施抵近射击。伊东佑亨按舰速将联合舰队分编为两队。4艘航速18节以上的快速巡洋舰被单独编为一队，称为"游击队"，负责包抄对方的侧翼，其他舰只则被编入主队。这两队日舰都以单纵队进行交战，充分发挥了舰炮的威力。伊东佑亨还命令所属各舰与北洋舰队的两艘最大铁甲舰必须保持较大的距离，以避免遭到对方大口径火炮的杀伤，而与其他舰只可接近到舰炮有效射程，并以速射炮集中火力将其击毁。

 *Link*

民族英雄邓世昌

邓世昌（1849年10月4日—1894年9月17日），原名永昌，字正卿。汉族，祖籍广东东莞怀德乡。在中日黄海海战中，邓世昌指挥"致远"舰一直冲杀在前，后在日舰围攻下，"致远"号多处受伤，船身倾斜，但邓世昌毅然驾舰全速撞向日军第一游击舰队旗舰"吉野"号，决心与敌同归于尽。日舰官兵见状大惊失色，拼命逃窜，并向"致远"舰连连发射鱼雷，"致远"不幸被击中而沉没。邓世昌坠落海中后，其随从以救生圈相救，被他拒绝，并说："我立志杀敌报国，今死于海，义也，何求生为。"他养的爱犬"太阳"亦游至其旁，口衔其臂以救，邓世昌毅然按犬首入水，与全舰官兵250余人一同壮烈殉国。1996年12月28日，中国人民解放军海军命名新式远洋综合训练舰为"世昌"号，以示中国海军的风骨。

↑邓世昌

加勒比大海战
——超强美国舰队的诞生

    加勒比大海战于1898年发生在大西洋的加勒比海域，属于美西战争的一部分，也是美西战争中最关键的一场海战。加勒比海战的胜利使美国最终取得了美西战争的胜利，从此美国的势力在国际社会迅速崛起。

海战速览表	
时间：1898年　　地点：大西洋加勒比海域	
参　战　方：美国 指　挥　官：	参　战　方：西班牙 指　挥　官：
 威廉·T·宰普森	 塞维拉
装　　　备：铁甲舰、火炮等 投入军力：24艘战舰 损失情况：2舰轻伤	装　　　备：铁甲舰、火炮等 投入军力：9艘战舰 损失情况：被击沉舰艇7艘，被俘2艘

回眸历史

19世纪末20世纪初，美国进入帝国主义国家的行列。南北战争的结束使美国三权分立的政治体制更加稳固，两次工业革命使美国的资本主义经济更加繁荣。1783年独立以后，经过100多年的发展，美国由一个地地道道的殖民地壮大成为一个横跨两大洋、领土面积占据半个北美洲的大国。19世纪末，美国的经济水平超越英、法等国跃居世界第一位，但是其殖民地的数量却远远少于其他主要的资本主义国家，当时的世界几乎已经被瓜分完毕。美国环顾世界一圈后，决定对老牌殖民者西班牙动手，因为此时的西班牙日渐衰落，却仍然在亚洲和拉美占有大量的殖民地。1898年4月25日，美国借"缅因"号事件向西班牙宣战，美西战争爆发。

海战爆发

美西战争在亚太地区和加勒比地区同步进行。面对早就准备充分、装备精良的美国军队，西班牙军队劣势尽显。美国很快就取得了亚太地区的主动权，并占领了夏威夷。而在加

↓加勒比海战

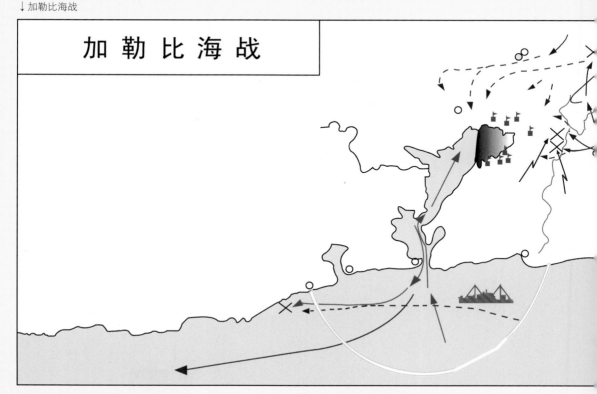

加 勒 比 海 战

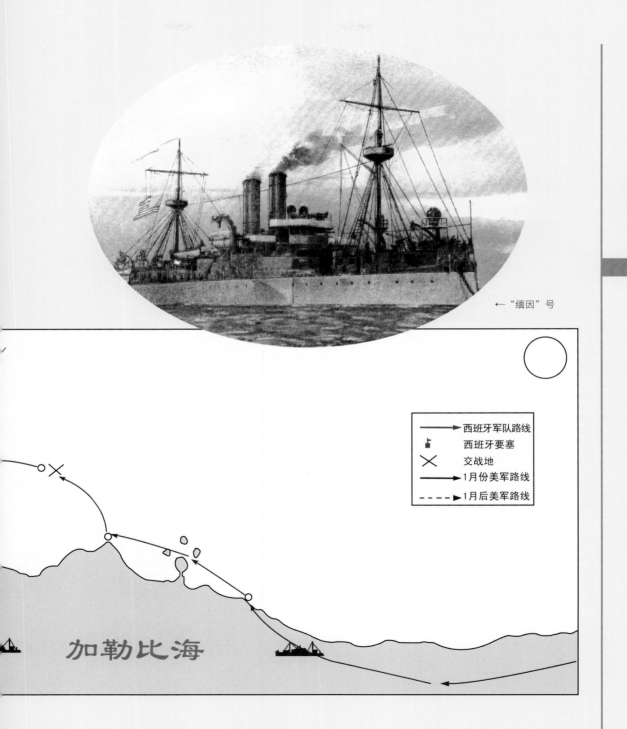

←"缅因"号

西班牙军队路线
西班牙要塞
交战地
1月份美军路线
1月后美军路线

加勒比海

↑西班牙巡洋舰"瓦尔克隆"号在战争中被击沉

勒比地区，美国在进攻古巴的战役中势如破竹，攻占了古巴的大部分地区。不久，西班牙的援军在海军将领塞维拉的带领下经过长途跋涉穿越美国在北大西洋的封锁到达古巴，一场大战就此上演。

　　1898年7月3日清晨，双方展开激战，这场战争的结局就像双方实力的差距一样显而易见。西班牙海军不仅在海军战舰的数量上比不上美国海军，其装备上更是差了好几个档次，战舰以木质战舰为主，火炮的射程上也远远落后于美国。而反观美国，有坚固的装甲舰和先进的火炮优势。战斗开始后胜败几乎没有任何悬念，在炮火连天、水花纷飞的战斗中，西班牙的战舰要么被击沉，要么缴械投降，而负隅顽抗的战舰也已经是伤痕累累，半天的时间，西班牙海军舰队全军覆灭，主将塞维拉被俘，美国轻而易举地取得了胜利。

海战余响

加勒比大海战最终以美国的胜利、西班牙的彻底失败而告终，美国再接再厉赢得了美西战争的胜利。美国从西班牙手中取得了古巴、波多黎各、菲律宾、夏威夷等地区，标志着美国作为新兴的大国开始崛起并具备了与欧洲列强抗衡的实力，美国在世界事务中发挥的作用也越发明显。同时，作为战败方的西班牙则进一步衰落，海外殖民地几乎丧失殆尽。

海战武器与战术

在加勒比大海战中，美国充分地显示了工业革命的成果和强大的经济实力。海军战舰的配置都是当时最先进的，以机械为动力的铁甲舰，不仅有着坚固的外壳，在其机动性和火力先进性上更是遥遥领先于西班牙的老式战舰。这场海战充分说明了经济实力在战争中起着至关重要的作用。

强大的美国舰队的诞生

美国海军是美国武装力量的一个重要组成部分。最早的美国海军要追溯到美国独立战争时期建立的大陆海军，但其在独立战争胜利后于1790年解散。之后，由于美国船只频繁地遭到海盗的袭击，因此，1794年，美国国会通过法案组建海军，最初的规模是六艘战舰。

经过美西战争、第一次世界大战和第二次世界大战等一系列战争的洗礼，美国海军逐渐登上世界舞台。尤其是第二次世界大战期间，不管是欧洲战场还是太平洋战场，美国海军都发挥了重要的作用。

21世纪，美国海军已经部署到全球，如亚太（尤其是东亚）、欧洲以及中东等地区。当发生战争或者参与维和行动时，美国有能力在短时间内将海军力量投射到全球各个沿海地区，在美国的全球外交和防御政策中发挥着关键的作用。

对马海战

——日本的崛起和俄罗斯在远东地区的没落

对马海战是1905年日本与俄罗斯在朝鲜半岛和日本本州之间的对马海峡附近海域进行的一场海战。这场海战是日俄战争的重要组成部分，也是日俄海军主力的一次大决战，最终以日本的大胜、俄罗斯太平洋舰队的全军覆灭而结束，标志着日本的崛起和俄罗斯在远东地区的没落。对马海战是世界海战史上交战双方损失最为悬殊的一场海战。

海战速览表

时间：1905年5月27日～28日　　地点：对马海峡

参 战 方：日本	参 战 方：俄罗斯
指 挥 官：	指 挥 官：

东乡平八郎	罗兹德文斯基
装　　备：战列舰、巡洋舰、驱逐舰、火炮、鱼雷等	装　　备：战列舰、巡洋舰、驱逐舰、火炮、鱼雷等
投入军力：4艘战列舰，23艘巡洋舰，2艘装甲海防舰	投入军力：8艘战列舰，9艘巡洋舰，3艘装甲海防舰，10艘驱逐舰
损失情况：损失3艘战舰	损失情况：损失19艘战舰，5艘战舰被俘

朝 鲜

日 本 海

黄 海

日本舰队

日 本

对马海峡

东 海

对 马 海 战
→ 日本舰队路线
→ 俄国舰队路线

↑对马海战局势图

回眸历史

甲午中日战争后，日本攫取了巨额的战争赔款和在中国东北地区的巨大利益。而中国东北地区靠近俄罗斯，在近代一直是俄罗斯的势力范围。日本势力插足中国东北地区，激起了日俄之间的矛盾，尤其是甲午战争之后，日俄在中国东北以及东北亚地区的矛盾进一步加深。1904年2月8日日俄战争爆发，双方围绕旅顺、辽东半岛地区展开激战。

海战爆发

战争初期，双方力量对比差别不大。随着战争的进行，俄罗斯的劣势越发明显，一方面是由于俄罗斯

↑东乡平八郎指挥战斗

的主要军事力量都部署在欧洲，亚洲的兵力配备比较薄弱；另一方面，日本在战前做了充分的准备和战略部署，而俄罗斯准备不足。

经过一系列的战斗，俄罗斯在陆上和海上的优势尽失。俄罗斯太平洋舰队几乎覆灭。日军在辽东半岛登陆，并且进一步占领了俄罗斯在远东唯一的殖民地不冻港——旅顺，日本取得了黄海的制海权。

在此之前，俄罗斯将波罗的海舰队调往远东并将其一分为二，编为太平洋舰队第二、第三分舰队，经过7个月的航行，穿越了半个地球，行程1.8万多海里，终于在1905年5月到达南

↓日军"春日"号巡洋舰

海，并且进行了整编。此时旅顺已被日本占领，长途跋涉的俄罗斯援军不得不选择强行突破对马海峡，与海参崴的俄罗斯太平洋舰队残部汇合。

而一直在对马海峡虎视眈眈、精心备战的日本海军怎肯放过这只疲惫的"北极熊"。5月27日，俄罗斯海军进入对马海峡，也进入了日本精心设计的"笼子"里，一场激烈的战斗就此打响。

由于当时天气比较恶劣，能见度很低，俄罗斯舰队根本就没想到在这种天气里日本海军会发动袭击，所以直到日本的侦察船发现了他们并且实施了攻击时，他们仍然没有防备。也许是几个月的远洋航行令他们疲惫不堪，面对着如狼似虎的日本舰队，一时间他们就好像是羔羊一样任对方宰割，一艘一艘的战舰在日本人的炮火下葬身大海。从14时交战开始一直到夜间，俄罗斯海军损失惨重，就连统帅的旗舰也遭到重创，夜间又遭到了日本鱼雷艇的攻击。到28日清晨，俄罗斯海军大势已去，余部升白旗投降，日本海军取得绝对的胜利。

↑俄旗舰"彼得罗巴甫洛夫斯克"号

↑战后谈判

海战余响

对马海战以日本的最终胜利而告终，战争的胜利使日本一跃成为当时世界第三海军强国，地位仅次于英国和美国。日本的势力范围扩大到整个中国东北以及东北亚地区，为其以后的对外扩张奠定了基础。而战败的俄罗斯则损失惨重，海军力量丧失殆尽，在

远东地区的势力范围也急剧萎缩，国际地位受到影响。同时，战争的失败也加剧了俄罗斯的国内矛盾，反对沙皇政府的起义不断发生。

海战武器与战术

在对马海战中，俄罗斯海军舰队的覆灭是有深刻原因的。首先，俄罗斯海军舰队的远征是史无前例的，跨越三大洋，环行半个多地球，历时7个多月，对于队伍的士气和自信心是一种严峻的考验。半年多的海上漂泊令俄罗斯海军将士们身心极度疲惫；而日本在经历了前期与俄罗斯太平洋舰队在旅顺口的攻防战后，信心倍增，而且经过半年多的休养和训练，使他们有充分的备战时间和空间，因此对马海战的结局也就显而易见了。

在这场战争中战列舰巨炮装甲的作用得到了突出的体现。此战之后，世界各国海军加大了对战列舰的建设力度。

交战双方在第三国进行的战争

对马海战是日俄战争（1904年2月～1905年9月）的一部分。日俄战争是日本和俄罗斯为了争夺中国东北的势力范围而进行的一场战争。这场战争的主战场在中国的东北地区，清朝政府竟然不可思议地宣布保持中立，对战场地区的人民不管不问，国人视之为奇耻大辱。

1905年9月，俄罗斯战败，日、俄双方签订《朴茨茅斯和约》，日俄战争结束。国贫则家弱，这场战争是对中国主权和领土的粗暴践踏，给中国东北地区的人民带来了沉重的灾难和巨大的损失。在战争结束后，尽管俄罗斯是战败国，但是俄沙皇尼古拉二世却宣称"不割寸土，不赔一个卢布"，让中国人接受战胜者的宰割。

↑日俄在美国总统西奥多·罗斯福的调停下重新划分势力范围

"一战"和"二战"时期的海上战争

Sea Battles in WWI and WWII

　　这是一个战乱频发的动荡时代，世界仿佛是一个大战场。海战频繁爆发，大炮巨舰的退场、航空母舰的对决，立体化的海战让广袤的海面燃烧熊熊战火，让海上的天空布满滚滚浓烟！

此时期精选"一战"的2场海战和"二战"的6场海战，这是人类历史上动荡的时期，两次世界性的大战中海战涉及范围和规模是空前的，其伤亡率和破坏性也是史无前例的。

福克兰群岛海战
——战列巡洋舰的初演

福克兰群岛海战是第一次世界大战期间，英国与德国海军分舰队在大西洋西南部的福克兰群岛附近海域进行的一场海战，最终以英国的胜利而告终。在这次海战中战列巡洋舰开始登上海战舞台，第一次充分发挥它火力强和速度快的优势。

海战速览表	
时间：1914年12月8日　　地点：大西洋西南部的福克兰（马尔维纳斯）群岛附近海域	
参 战 方：英国 指 挥 官：弗雷德里克·斯特迪	参 战 方：德国 指 挥 官：马克西米利安·冯·施佩

装　　备：巡洋舰、火炮等 投入军力：5艘铁甲巡洋舰，2艘轻巡洋舰， 　　　　　1艘辅助巡洋舰 损失情况：没有损失一艘战舰	装　　备：巡洋舰、火炮等 投入军力：2艘铁甲巡洋舰，3艘轻巡洋舰 损失情况：4艘巡洋舰被击沉

回眸历史

1914年11月11日，德国海军分舰队在智利沿海的科罗内尔角附近与英国分舰队发生激战，击沉了英国两艘战舰，自己却损失很小，并且还缴获了装有硝酸盐、铜和锡的英国船只。这一事件引起了英国政府的重视，马上派遣两艘战舰前往南大西洋海域进行增援，加强英国在该地区的实力。

海战爆发

德国海军分舰队在科罗内尔角取得胜利之后，转而驶向英国占据的福克兰群岛，企图袭击英国在福克兰群岛的军港斯坦利港，破坏英国的无线电台，摧毁英国的军事设施，并且补充自己的给养。

此次海战中幸存的德国"德累斯顿"号巡洋舰

12月8日清晨，德国分舰队渐渐靠近斯坦利港，并且派出侦察船侦察情况。此时的斯坦利港已经是严密布防，港湾内旗帜飘扬，原来英国海军增援的舰队已于前一天到达。德国分舰队统帅发现自己的力量不足以对抗面前庞大的英国舰队，立即下令后撤，驶向远洋。但是为时已晚，英国海军已经发现了德国海军的踪迹，随即展开追击，并很快就追上了德国分舰队。无奈之下，德国海军掉头回击。在英国舰队急风暴雨般火力的攻击下，德国分舰队很快陷入被动，此时慌乱的德军统帅却命令舰队分散逃跑、各自为战，这一错误的指挥更是加速了德国分舰队的崩溃。在英国海军密集的火力下德国分舰队只有1艘船逃走，而且已身负重伤，在后来的追击中被击沉。德国海军分舰队全军覆灭，失去了在南大西洋与英国抗衡的实力。

海战余响

福克兰群岛海战的失利，使德国最后一支远洋舰队覆灭。而作为胜利方的英国通过此海战取得了大西洋的完全制海权，其海外殖民地的安全也得到了保障。同时，这次海战对"一战"的局势产生了明显的影响。在北大西洋海域，英国皇家海军能够全力以赴地封锁德国海军，使其无法突破北海的铜墙铁壁。

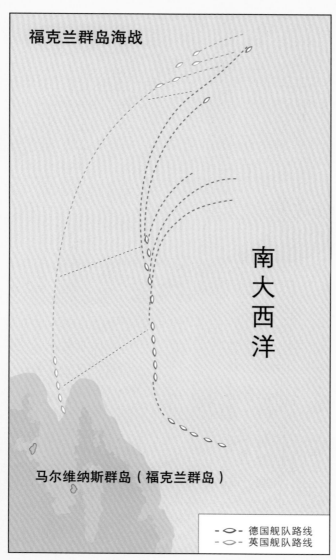

福克兰群岛海战

南大西洋

马尔维纳斯群岛（福克兰群岛）

- ⟋- 德国舰队路线
- ⟋- 英国舰队路线

↑ 福克兰群岛海战局势图

↑德国"沙恩霍斯特"号战列巡洋舰

海战武器与战术

根据英国海军名将费舍尔的思想："战列巡洋舰是用来猎杀普通巡洋舰的。"福克兰群岛海战是战列巡洋舰的初演，其速度和火力的优势充分地展现了出来。在第一次世界大战中，各国都将战列巡洋舰视作"撒手锏"，在其后的日德兰海战中战列巡洋舰更是成为海战的主角。

马尔维纳斯群岛（福克兰群岛）名称的变迁

福克兰群岛又称马尔维纳斯群岛，位于南大西洋，西邻南美大陆，由346个岛礁组成，总面积15 800平方千米，首府为斯坦利港，现为英国的管辖地。

根据记载，最早发现该群岛的是英国人约翰·戴维斯，时间是在1592年。而最早登陆该群岛的则为英国船长约翰·斯特朗。1690年他发现了两主岛之间的海峡，并将其命名为"福克兰海峡"，后来英国便称该群岛为福克兰群岛。

18世纪，法国航海家们陆续经过这里，为纪念法国探险队的出发地圣马洛，将其命名为"马洛于内群岛"，后来该群岛的西班牙名称"马尔维纳斯群岛"也出于此。1982年英国与阿根廷围绕该群岛主权爆发战争，至今仍为两国所争执。

日德兰海战
——大炮巨舰主义的高潮

　　日德兰海战是第一次世界大战中规模最大的一场海战，是英、德双方海军主力舰队的一次决战，对第一次世界大战的进程产生了直接的影响。

海战速览表	
时间: 1916年5月31日~6月1日	地点: 丹麦日德兰半岛附近北海海域

参 战 方：英国	参 战 方：德国
指 挥 官：约翰·杰利科	指 挥 官：赖因哈德·舍尔

装　备：巡洋舰、驱逐舰、火炮、鱼雷等	装　备：巡洋舰、驱逐舰、火炮、鱼雷等
投入军力：28艘战列舰，9艘战斗巡洋舰，8艘重型巡洋舰，26艘轻巡洋舰，78艘辅驱逐舰，1艘布雷艇，1艘水上飞机母舰	投入军力：16艘战列舰，5艘战斗巡洋舰，6艘无畏舰，11艘轻巡洋舰，61艘鱼雷艇
损失情况：损失3艘战斗巡洋舰，3艘重型巡洋舰，8艘驱逐舰	损失情况：损失1艘战斗巡洋舰，1艘无畏舰，4艘轻巡洋舰，5艘驱逐舰

回眸历史

1916年，"一战"进入胶着状态，以德国为首的同盟国集团在欧洲大陆的战争陷入了相持阶段，尤其是德国面临着两线作战的威胁。

为了进一步扭转战局，德国企图从海上进行突破。尽管战前德国对发动战争做了精心部署，但是其海上的力量毕竟落后于英国，一直到战争开始的时候，在海军方面德国仍然没有对英国形成有力的威慑。再加上德国的地理位置，所面对的基本都是内海，所以从战争一开始德国的海军力量就被英、法等协约国牢牢地封锁在本土的近海海域。为了寻求突破，扭转被动局面，德国海军策划了一次大胆的进攻计划。

海战爆发

德国采取的作战计划是：派遣少量舰队袭击英国本土，然后诱敌追击，让英国舰队远离海岸；同时，德国海军集中优势兵力与英国海军展开主力决战，一举击溃英国海军。尽管这一计划很完备，但是不幸的是英国人事先得到情报，破译了密码，并迅速作出反应，整支海军舰队向德国进发，双方在日德兰半岛附近海域遭遇，惊心动魄的海战就此上演。

5月31日14时28分，英、德双方主力舰队展开了激烈的火拼，在北海海域，数百艘的战舰、飞机以及鱼雷等武器在海上、空中和水下各显神通，火炮声、爆炸声、惨叫声……双方海军你来我往，谁也不敢放松。战斗一直持续到了6月1日清晨5时多，随着英国海军舰队返回本土，日德兰海战画上

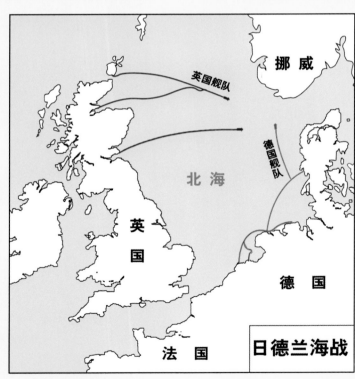

↑日德兰海战局势图

了句号。经过日德兰海战，德国人达到了战前制定的目标，即用较小的代价尽可能地给对方造成较大的损失，英国海军的损失几乎是德国海军的两倍，德国海军取得了战术上的胜利。但是，从战略上来看，胜利无疑是属于英国人的，尽管英国海军的损失远远超过德国，但是，他们成功遏制住了德国海军舰队向外海的扩张，仍然将制海权把握在自己的手中，继续封锁德国的海军舰队。时人对比战有精辟评论："德国舰队揍了狱卒一顿，但仍然被关在狱中。"

海战余响

日德兰海战是第一次世界大战中最大规模的海战，海战进一步巩固了英、法等协约国对德国海军的优势，宣告了德国企图突破英、法等协约国海上封锁计划的失败。此后，德国人考虑到自身和战争的形势，在海上不再与英、法等协约国进行正面的交锋，转而用潜水艇不断地袭击协约国海军舰艇，后来发展成无限制潜艇战。

↑ "马格德堡"号（俄国人在沉没的"马格德堡"号中发现了密码本和旗语手册，帮助英国掌握了情报）

海战武器与战术

在日德兰海战中，英、德双方都动用了大规模的武器装备参与作战，驱逐舰、巡洋舰、火炮、鱼雷等的数量是之前的海战没有过的。

在此时的海战中，各国的海军作战阵形通常是将战舰排列成许多平行纵队。这样的队形比起传统的一字长蛇阵，机动性和灵活性更高，更加有利于将领指挥作战和更快地传递信号。

德国海军采取的作战计划很严密，但还是被英国人获取并且破译了，说明在现代化战争中情报战、间谍战的重要性。

↑ 鱼雷发射

幽灵鱼雷——日德兰鱼雷

鱼雷是一种消耗性兵器，一旦发射，就将面临两种命运：要么击中目标与之同归于尽，要么未命中目标自沉于海底。然而，有这样一枚鱼雷却摆脱了"传统的宿命"，选择了第三种命运——环球航行，这就是"日德兰鱼雷"。

日德兰海战中，英国海军的一艘战舰发射了一枚长5.5米、重655千克的鱼雷，这枚鱼雷虽然未能命中目标，但也没有自沉海底，而是像幽灵一样开始了一段漫长、神秘而又传奇的旅行。此后的56年里，它马不停蹄地航行，周游世界的江河湖海，先后光临过北大西洋、北海、百慕大三角、美国东海岸、委内瑞拉海岸、巴拿马运河、太平洋、苏门答腊海峡、非洲东海岸、亚马逊河三角洲、美国和加拿大交界的尼亚加拉大瀑布、刚果河河口、法国卢瓦尔河源头等地。各国不少海军、船员曾目睹它的风采，半个世纪里人们125次捕捉到它的踪影，一直到1972年这名"旅行者"才销声匿迹。由于它是在日德兰海战中发射的，人们习惯性地称之为"日德兰鱼雷"。

击沉"皇家橡树"号
——独狼奇袭斯卡帕湾

  击沉"皇家橡树"号是第二次世界大战初期，德国海军潜艇发动的一次成功的突袭战。1939年10月14日，德国海军"U47"号潜艇发射的鱼雷击沉了停泊在英国斯卡帕湾的"皇家橡树"号。

海战速览表	
时间: 1939年10月14日	地点: 英国的斯卡帕湾
参 战 方: 英国	参 战 方: 德国
指 挥 官: 梅勒	指 挥 官: 冈瑟·普里恩

装 备: "皇家橡树"号战列舰	装 备: "U47"号潜艇
结 果: "皇家橡树"号沉没	结 果: "U47"号潜艇成功完成任务返航

回眸历史

1939年9月1日，德国闪击波兰挑起战争。9月3日，英、法对德宣战，第二次世界大战正式爆发。在战争初期，德国法西斯处于攻势阶段，在欧洲大陆所向披靡。英国孤悬海外，远离欧洲大陆，暂时避免了战火。德国始终在酝酿着对英国的攻势，但是英国拥有强大的海军，这对德国来说是很大的威胁。

帕斯卡湾位于英国苏格兰东北部的奥克尼群岛，它东通北海，西接大西洋，具有重要的军事地位和战略地位，一直以来都是英国海军的主要基地之一。英国海军对于帕斯卡湾的防御可谓十分严密，在帕斯卡湾出口的海峡处设置了许多防潜网、防潜栅栏，并备用警戒舰。英国的王牌战舰——"皇家橡树"号也停驻在这里。"皇家橡树"号是英国"君主"级战列舰系列的一艘，是英国皇家海军中的王牌。

海战爆发

早在第一次世界大战期间，德国海军潜艇就几次试图突入帕斯卡湾，均以失败而告终。德国海军总司令邓尼茨一直想要创造奇迹，于是制定了出人意料的计划，在1939年10月，派遣普里恩驾"U47"号潜艇突袭帕斯卡湾。

10月8日，"U47"号潜艇从基尔港起航，凭借着艇长普里恩过人的胆识和高超的驾驭技术，他们巧妙地绕过防潜网和屏障，一次次地排除险情，躲过英军警戒舰。10月13日凌晨，

↑ "皇家橡树"号

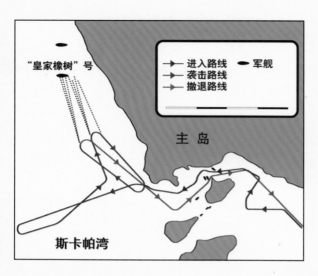

"U47"号潜艇成功地突入帕斯卡湾。此时的英军大多数沉浸在梦乡，对这个突如其来的家伙一无所知。根据此前的情报，帕斯卡湾内有多艘航空母舰和战列舰，但是在"U47"号潜艇到达前，大多战舰都已被派遣出海，静静地停泊在港内的"皇家橡树"号自然成为"猎人的目标"。"U47"号向"皇家橡树"号发射了两组鱼雷，引发了一连串的爆炸，致使"皇家橡树"号迅速下沉。借着混乱的时机，"U47"号潜艇转身撤离战场，驶向公海。不久，"皇家橡树"号沉没。包括舰队司令在内的全舰786名官兵全部葬身海底。

海战余响

10月17日清晨，"U47"号潜艇安全返回德国本土，艇长普里恩一时间成为德国的传奇人物，并受到希特勒的接见和表彰。当时的英国海军大臣、后来的英国首相丘吉尔也说："普里恩的成就应被视为军事上的奇迹。"此役过后，英国加强了本土的防备，尤其是对于军港的防御。

↑ "U47"号潜艇

↑ "皇家橡树"号模型

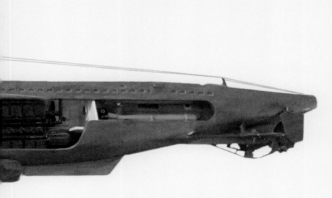

海战武器与战术

突袭战术一直都是战争当中的经典战术，尤其是长途奔袭，既要有过人的胆识，又要有聪明的巧劲儿。"U47"号的艇长普里恩将这一战术应用到了极致，不仅能千里走单骑，给对方以打击，更难能可贵的是在"皇家橡树"号沉没前还可以全身而退，这足以证明普里恩高超的指挥驾驭能力和过人的胆量。借助潜艇擅长突袭的特点，无限制潜艇战成为"二战"期间德国海军的重要作战形式。

Link

"皇家橡树"号名称的来历

关于"皇家橡树"号战列舰名称的来历，有一个富有传奇色彩的故事。1651年9月3日，英国国王查理二世在一次战役中失败，遭到敌方的追击，落荒而逃，途中恰巧发现了一棵中空的老橡树，于是急忙藏身于树洞里，躲过了追兵。大难不死的查理斯二世重整装备，卷土重来，最终反败为胜。为了纪念这棵救了自己命的老橡树，将它封为"皇家橡树"。"皇家橡树"从此成为英军的吉祥物。随后，以"皇家橡树"命名的海军战舰多达四艘，并且都是旗舰。其中，最著名的要属在1862年建成的一艘橡木战列舰，全名是"HMS Royal Oak"。

围剿"俾斯麦"号
——"大炮"主义渐退历史舞台

　　围剿"俾斯麦"号是第二次世界大战初期，英国为粉碎德国袭击英国大西洋海上交通线的计划而展开的一场海战。1941年，英国皇家海军歼灭了德国人引以为豪的"俾斯麦"号，沉重打击了德国人，继续保持着大西洋的制海权。

海战速览表	
时间: 1941年5月23日~5月27日	地点: 北大西洋海域

参 战 方：英国	参 战 方：德国
指 挥 官：维托	指 挥 官：吕特晏斯

投入军力：8艘战列舰和战列巡洋舰、2艘航空母舰、14艘巡洋舰、22艘驱逐舰、6艘潜艇以及大量的战机	投入军力："俾斯麦"号
结　　果：击沉"俾斯麦"号	结　　果："俾斯麦"号被击沉

回眸历史

1940年，第二次世界大战进入了第二年，德国在欧洲大陆所向披靡，几乎占据了整个欧洲大陆，但是在海上，英国的海军力量始终对德国保持着压力。为了摆脱长期处于下风的局面，德国决定秘密建造一艘超级战列舰，并以德国铁血宰相俾斯麦的名字命名为"俾斯麦"号。这是第二次世界大战期间德国所建造的火力最强的战列舰，也是当时世界上吨位最大的巨型战舰。1940年8月24日，"俾斯麦"号正式服役。1941年5月18日，吕特晏斯指挥舰队出海，这次出击的主要任务是切断英国的大西洋交通线。

↑ 俾斯麦

英国海军部一直密切关注着德国人对大西洋的举动，"俾斯麦"号出发的消息亦被英国情报部门证实，皇家海军随即展开部署，并密切留意"俾斯麦"号，推算其进入大西洋后的航线。

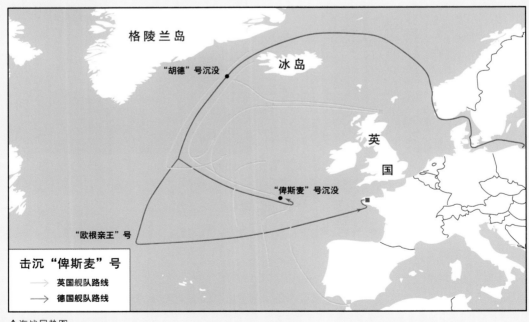

↑ 海战局势图

↑ "俾斯麦"号

海战爆发

1941年5月23日傍晚，英国两艘先头战舰在丹麦海峡发现"俾斯麦"号的踪迹，随后双方短暂交火，英军战舰自知实力不如对手，被迫释放烟雾，全力撤退到德军战舰的射程范围外，以雷达锁定"俾斯麦"号，尾随其前进。

5月24日凌晨5时，双方再次发生交火，英国的"威尔士亲王"号战列舰和"胡德"号战列巡洋舰与德军的"俾斯麦"号展开了

↑ "胡德"号沉没

激战。"胡德"号也是当时被皇家海军引以为傲的战舰，是当时世界上最大的战列巡洋舰，但与"俾斯麦"号相比其装甲就显得十分薄弱。战斗进行不到一个小时，"胡德"号就被击沉，"威尔士亲王"号受伤严重，只得仓皇逃走。而"俾斯麦"号也付出了代价，中弹三发，一个燃料槽受损，致使航速降低。

此时英国海军已经锁定了"俾斯麦"号，随即召集大量的舰队展开围击。5月26日和5月27日，英国海军8艘战列舰及战列巡洋舰再加上2艘航空母舰对"俾斯麦"号实施轮番攻击。猛虎难敌群狼，5月27日10时39分，"俾斯麦"号沉没。

海战余响

巨型战舰"俾斯麦"号的沉没，使英国继续保持着大西洋的制海权，同时也标志着德国试图驶向远洋破坏英国海上补给线的计划破产。随后，德国不得不重新考虑自己在大西洋的策略。

海战武器和战术

围歼"俾斯麦"号是英国皇家海军协同作战的典型案例。在战斗中，英军共发射了1 000多发炮弹和30多枚鱼雷。在这样强大的火力面前，超级战列舰"俾斯麦"号也不得不面临被对手终结的宿命。英军指挥官托维上将在战后说："就像'一战'时的德意志帝国海军一样，'俾斯麦'号进行了一次最勇敢的战斗，抵抗着数倍于己的敌人，以至于在她沉没时旗帜还在飞扬。"

"俾斯麦"号的基本参数

"俾斯麦"号可谓当时的"舰中之王"，就其配置装备来说，它是当时世界上吨位最大、火力最猛的战舰。

概　　况		舰　　炮
舰　　种：战列舰		8门380毫米L48.5 SK-C/34（4×2）
舰　　级：俾斯麦级（1号舰）		12门150毫米/L55 SK-C/28
制 造 厂：汉堡布洛姆·福斯船厂		16门105毫米/L65 SK-C/37 / SK-C/33
下水时间：1939年2月14日		16门37毫米/L83 SK-C/30
服役时间：1940年8月24日		12挺20毫米/L65 MG C/30（单管）
结　　局：1941年5月27日被击沉		8座20毫米/L65 MG C/38 （4连装）
基本参数		**装　　甲**
排 水 量：4.5万吨～5.3万吨		侧舷145～320毫米
全　　长：250.5米		甲板130～200毫米
全　　宽：36.0米		首尾横向隔墙100～320毫米
吃　　水：9.3米～10.2米（最大）		炮塔130～360毫米
航　　速：30节		炮座340毫米
续航距离：8 525海里（19节）		司令塔350毫米
乘　　员：2 092人、103名军官、1 989名士兵（1941年）		
舰 载 机：4架		

偷袭珍珠港
——航空母舰成为新王牌

　　珍珠港战役是第二次世界大战期间，日本海军突袭位于珍珠港的美国太平洋舰队，重创美国海军的一场不宣而战的闪电战役。珍珠港事件的发生，使得第二次世界大战进一步扩大，达到最大规模。

海战速览表	
时间：1941年12月7日	地点：夏威夷群岛瓦胡岛上的珍珠港

参 战 方：日本 指 挥 官：山本五十六	参 战 方：美国 指 挥 官：哈斯柏登·金梅尔佩

装　　备：航空母舰、战列舰、巡洋舰、驱逐舰、潜艇等 投入军力：6艘航空母舰，2艘战列舰，3艘巡洋舰，9艘驱逐舰，5艘袖珍潜艇，共出动354架飞机 损失情况：29架飞机被击落，5艘潜艇被击沉	装　　备：航空母舰、战列舰、巡洋舰、驱逐舰、潜艇等 投入军力：8艘战列舰，6艘巡洋舰，30艘驱逐舰，49艘其他战舰，4艘潜艇，约390架飞机 损失情况：5艘战列舰被击沉，3艘战列舰受损，3艘巡洋舰被重创，3艘驱逐舰被击沉，188架飞机被摧毁，155架飞机受损

回眸历史

自1937年日本发动侵略中国的战争一直到1941年，四年的战争让日本深陷中国大陆的战争泥潭，经济不景气，战略资源匮乏。面对残酷的战争消耗，日本法西斯军队不得不开始调整战略，转而于1941年入侵石油、矿产资源丰富的东南亚。东南亚地区此时大部分是英国、美国、法国以及荷兰等国的殖民地，日本的入侵必然引起上述各国的反应。美国在经济方面对日本施加压力，冻结了对日贸易，尤其是石油资源，这对于国内资源贫瘠的日本来说是致命的。日本清晰地认识到如果要继续加强对外扩张，就必须摆脱美国的制约，而其中最重要的一点就是先要夺取太平洋上的制空制海权，这样前往东南亚甚至澳洲地区的道路就会畅通无阻，因此必须先摧毁美国太平洋舰队。

海战爆发

日本为了掩饰自己的进攻意图，采取了一系列措施麻痹美国：一方面通过外交途径，与美国展开政府间的和平对话；另一方面以训练为借口集结海军舰队，展开部署。而美国对于日本的真实意图则丝毫没有察觉。

1941年12月8日，这一天是星期天，清晨阳光明媚，天气晴朗，毫无防备的美国海军士兵和军官正在享受周末的时光，美国海军的军舰静静地停靠在珍珠港内。突然出现的轰鸣声和紧接着的爆炸声，让美国海军陷入了惊慌失措的地步。日本的数百架轰炸机瞬间投下了成吨的炸弹，珍珠港一时间成了一片火海。此刻，停泊在港内毫无还手之力的美军战舰成了日

↑日本偷袭珍珠港

本轰炸机的靶子，只有挨打的份儿。在距离珍珠港200多海里外的海域是日本海军实施此次偷袭的主力舰队，轰炸机从6艘航空母舰上分两批向珍珠港袭来，同时日本的潜艇也在水下配合作战。两轮轰炸过后，美国的重型战舰遭受重创，军事设施遭到摧毁，机场被重点轰炸，根本无法组织起有效的空中还击。战斗持续了两个多小时，日本海军实现了预期的作战目标，在第二轮轰炸结束之后就返航了。日本海军以极小的代价，沉重地打击了美国的太平洋舰队。

海战余响

珍珠港事件的影响是巨大而又深远的。虽然，从表面上看日本以极小的代价重创了美国太平洋舰队，打了美国一个措手不及、并在半年内一直保持着在太平洋地区对美国的优势，逐步侵占东南亚，将势力范围扩展到印度洋地区。然而，日本也亲手将美国这一强大的国家推向自己的对立方。日本无异于亲手打开了"潘多拉魔盒"，作为当时的世界第一经济军事强国，强大的美国对日宣战，反法西斯同盟的力量进一步壮大，加速了德、日、意法西斯崩溃的步伐。

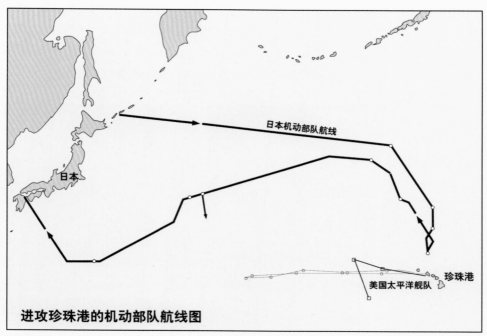

↑ 珍珠港战争局势图

↑日本偷袭珍珠港照片

海战武器与战术

在此次海战中，航空母舰作为重要的军事力量发挥了远洋作战的关键作用，日本的6艘航空母舰组成一支高效率、行动高度一致的部队，充分显示出集团作战的优势。同时，日本法西斯的闪电突袭战术，虽然有卑鄙的嫌疑，但确实打了美国太平洋舰队一个措手不及，其经过精心改装的鱼雷和穿甲弹也发挥了巨大的威力。

"亚利桑那"号纪念馆

"亚利桑那"号纪念馆于1962年5月30日正式落成。纪念馆建在沉舰之上，由两根2 500吨的混凝土梁柱和37根预应力桩墩支撑。整个纪念馆总长为56米，中部宽8.5米，两端宽11米，为中部微陷、两端隆起的白色外形。建筑师阿尔弗雷德·普里斯认为，这象征着美国军队由失败走向胜利的历程。纪念馆由会议仪式厅、圣室等几个部分组成。

↑"亚利桑那"号纪念馆

"亚利桑那"号纪念馆是为了纪念在珍珠港事件中殉难的美国官兵而建造的。通过会议仪式厅的大窗口，游览者隐约可见已沉睡海底近70年的"亚利桑那"号战舰。 纪念馆圣室的白色大理石墙上，铭刻着当时在舰上丧生的1 177名海军和海军陆战队将士的姓名。在纪念馆的中部，矗立着一根旗杆。这根旗杆的下端并非连接在纪念馆结构上，而是连接在残存的"亚利桑那"号战舰的主桅杆上。美国海军部批准美国国旗每天在旗杆上飘扬，以颂扬和纪念"亚利桑那"号战舰和舰上的水兵。

珊瑚海海战
——航母与航母的对决

珊瑚海海战是第二次世界大战太平洋战场上的一场重要海战，发生在澳大利亚大陆东侧珊瑚海海域。这是第一次航空母舰编队之间进行对决的海战，也是海战史上在远距离作战中首次以航空母舰编队的舰载机实施交战的海战。同时，珊瑚海海战，也是日本海军在太平洋战场上第一次受挫的海战。

海战速览表	
时间：1942年5月4日~5月8日	地点：澳大利亚大陆东侧的珊瑚海

参 战 方：反法西斯同盟军(美国、澳大利亚) 指 挥 官：切斯特·尼米兹	参 战 方：日本 指 挥 官：井上成美

装　　备：航空母舰、巡洋舰、驱逐舰、 　　　　　飞机、鱼雷等 投入军力：2艘航空母舰，3艘巡洋舰 损失情况：损失1艘航空母舰，1艘驱逐舰， 　　　　　损失65架飞机	装　　备：航空母舰、巡洋舰、驱逐舰、 　　　　　飞机、鱼雷等 投入军力：3艘航空母舰，4艘巡洋舰 损失情况：损失1艘航空母舰，1艘驱逐舰， 　　　　　1艘航空母舰受重创，损失69架飞机

回眸历史

日本偷袭珍珠港挑起太平洋战争后，短短的几个月内，日本凭着高涨的侵略气焰很快于1942年初占领了整个东南亚。尤其是偷袭珍珠港重创美国海军后，日本法西斯的侵略欲望进一步膨胀，企图借美国海军短期内无法恢复元气的机会，进一步取得整个太平洋的制海权。1942年4月，日本计划向位于新几内亚岛和所罗门群岛的盟军军事基地发起进攻。

海战爆发

1942年5月，日本海军派遣3个航空母舰编队向珊瑚海的图拉吉岛前进，打算借此机会掌握珊瑚海进而掌握西南太平洋海域制海权和制空权，并切断美国与澳大利亚之间的海上交通线，以打击和瓦解盟军的力量。

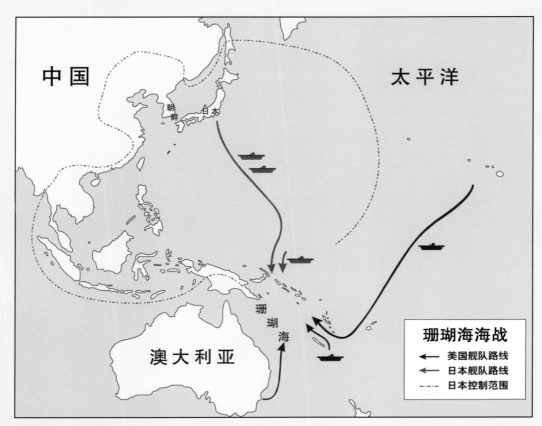

↑ 珊瑚海海战局势图

↑美军的第二艘"珊瑚海"号航母

↑5月7日美军补给舰"尼欧肖"号被击中起火

但是不幸的是，他们的行动计划早已被美军截获。以美国为首的同盟军海军随即作出反应，调遣两个航空母舰编队在珊瑚海海域进行阻击。双方舰队、侦察机在珊瑚海海域都搜索到了对方的航母编队，一场大战不可避免。珊瑚海海战上演了3个回合的经典海上对决。

5月4日，以美国为首的同盟军海军航空母舰舰载机击沉了日本海军一艘驱逐舰和数艘小型舰艇，同盟军海军胜。5月7日，日本的航空母舰舰载机击沉了同盟军海军的一艘驱逐舰。与此同时对方以牙还牙，同盟军海军航空母舰舰载机成功击沉了日本海军一艘航空母舰，同盟军海军胜。5月8日，在相距200海里的海域范围内双方航空母舰编队舰载机展开激战。以美国为首的盟军海军以损失70多架飞机的代价重创了日本的一艘航空母舰，使其几乎丧失了作战能力。而日本海军击沉了同盟军海军一艘航空母舰，并重伤了另外一艘航空母舰，但是也损失约100架飞机，日本海军胜。3个回合的较量，双方互有胜负，所遭受的损失相差不大。

海战余响

珊瑚海海战是人类海战历史上第一次航母编队之间的较量，从结果上讲日本赢得了战术的胜利，而以美国为首的反法西斯同盟军则取得了战略上的胜利，日本在亚太地区的对外扩张首次遭到了遏制。珊瑚海海战是第二次世界大战期间太平洋战场进入战略相持阶段的标志。

海战武器与战术

　　珊瑚海海战是人类历史上首次航空母舰编队之间的战斗，而且双方的航空母舰编队都是在几百海里外运用舰载机展开空对舰、舰对空、空对空的较量，这在人类海战史上尚属首次。随着科学技术的发展和武器的进步尤其是航空技术的发展，这种形式的海战发生是历史的必然。

　　从战术得失来看，日本海军取得了珊瑚海海战的胜利，但是，以美国为首的反法西斯同盟军则取得了战略上的胜利。

Link

珊瑚的世界——珊瑚海

　　珊瑚海，又称所罗门海，位于太平洋西南部，平均水深2 243米；西邻澳大利亚大陆，东侧是新喀里多尼亚岛和瓦努阿图，北靠伊利安岛，西北为所罗门群岛；面积479万多平方千米，是世界上最大和最深的海域。珊瑚海因有大量珊瑚礁而得名，以世界最大的珊瑚礁大堡礁最著名，大堡礁从托雷斯海峡一直到南回归线附近，总面积8万多平方千米，是世界上规模最大的珊瑚体。这里全年平均水温都在20℃以上，海水清澈透明，含盐度高。这里是珊瑚虫的天下，它们巧夺天工塑造了众多色彩斑斓的环礁岛、珊瑚石平台，如天女散花，又如繁星点点，构成了一幅幅绚丽的图景。

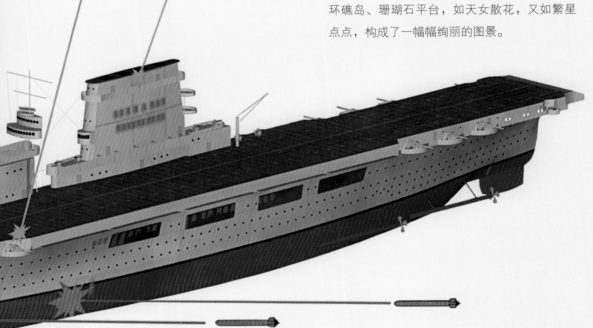

↑ "列克星敦"号

中途岛海战
——太平洋战争转折点

中途岛海战是第二次世界大战的一场重要战役，美国海军以少胜多，成功地击退了日本海军对中途岛海军基地的攻击，使日本海军遭到了前所未有的失败。中途岛海战成为"二战"太平洋战场的转折点。

海战速览表	
时间: 1942年6月4日～6月7日	地点: 中途岛附近海域
参 战 方: 美国	参 战 方: 日本
指 挥 官: 切斯特·尼米兹	指 挥 官: 山本五十六

装　　备: 航空母舰、战舰、飞机、鱼雷、高射炮等	装　　备: 航空母舰、战舰、飞机、鱼雷、高射炮等
投入军力: 3艘航空母舰，约25艘战舰，233架舰载机，172架陆基飞机	投入军力: 8艘航空母舰，22艘战舰，264架飞机
损失情况: 损失1艘航空母舰，1艘驱逐舰，98架飞机	损失情况: 损失4艘航空母舰，1艘巡洋舰

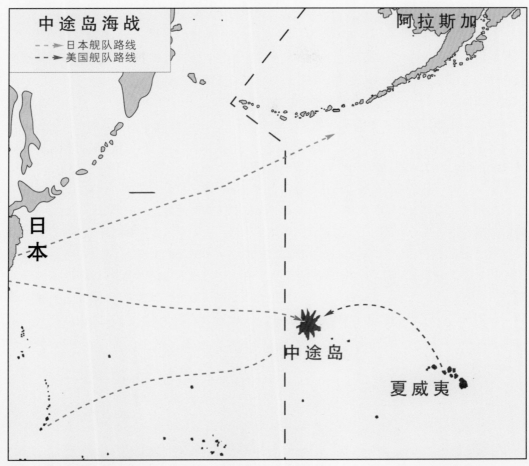

↑中途岛海战局势图

回眸历史

　　日本偷袭珍珠港，太平洋成为"二战"新的战场；随后，日本又占领了菲律宾群岛、马来群岛等东南亚地区，将自己的势力范围扩展到整个西太平洋。美国对日本宣战后，双方在西太平洋海域展开了争夺。美国利用夏威夷诸岛，尤其是中途岛临近日本的优势，频繁地对日本本土实施飞机轰炸。1942年4月18日，美国轰炸机空袭了东京，日本朝野大为震惊，认识到事情的严重性。为了消除美国对日本本土的威胁并彻底摧毁美国的太平洋舰队，日本开始策划进攻中途岛的美国海军基地。

海战爆发

战前日本海军总司令山本五十六制定了一个严密、完整的计划，目的就是凭借此战一举消灭美国的太平洋舰队。如果这一计划顺利实施，对于美国甚至对于整个反法西斯同盟来说都会是沉重的打击。但是幸运的是，这一计划早就被美国人获悉了，美国的特工和间谍早已成功盗取并破译了日本的无线电通讯密码并做好了防御计划。

6月4日清晨，迫近中途岛的日本舰队的轰炸机群升空对中途岛实施轰炸，迎接他们的却是密集的地面火力和空中截击。第一轮的攻击中，日本没有占到任何便宜，随即准备发动第二轮攻击。就在此时，日、美两国的侦察机均发现了对方主力舰队，于是双方航母开始了正面交战。当时日本的战机既可以挂炸弹，也可以挂鱼雷。在第一轮攻击之后，日军在挂鱼雷还是挂炸弹问题上产生了犹豫。时间拖延带来的就是致命的后果。美军借此时机对日本航母和战舰进行了猛烈的轰炸，一时间日本海军陷入混乱。美军抓住机会展开了更加致命的攻击，第一天的战斗就让日本海军损失了3艘航空母舰。针对战场的情况，6月5日凌晨，日本海军总司令山本五十六下达了取消进攻中途岛的命令，准备退出战场。但是，美国海军哪会放过这个一雪前耻的机会，随即展开了疯狂的追击，并成功地击沉了日本又一艘航空母舰，重创了日本海军。直到6月7日，日本残余舰队进入本部防御范围，美国才停止追击。至此，中途岛海战以美国的大获全胜而告终。

美军准备战斗

↑ 美军进攻　　　　　　　　　　　　　　　　↑ "企业"号航母

海战余响

中途海战是第二次世界大战亚洲和太平洋战场的转折点。日本遭到惨败，结束了日本在亚太地区的全面进攻战略，使得太平洋地区的海军力量对比恢复了均势。从此，日本在太平洋战场处于被动的局面并且丧失了战略主动权，战局向着有利于以美国为首的反法西斯同盟方向发展。

海战武器与战术

中途岛海战中，日本采取闪电偷袭，企图诱敌出击，准备实施集中优势兵力进行攻击的战术，是十分可取的。但是，在海战之前的情报战、间谍战发挥了巨大作用，美国提前获悉了日本海军的进攻计划，是日本海军惨败的最主要原因。同时，在此次海战中，制空权对于海战的重要性显现了出来，夺取制空权与制海权一样成为海战取得胜利的关键因素。

知己知彼，百战不殆。此战突出了战争情报的重要性。

再现中途岛海战（首部"二战"题材3D电影）

"二战"结束至今，已经有多部以中途岛海战为题材的影视作品上映。早在海战结束的1942年，美国导演约翰·福特就利用从美国军方那里得到的一些素材，制作了一部中途岛海战的纪录片并获得当年的奥斯卡奖。之后，关于中途岛海战题材最有名的要属捷克·史迈特导演在1976年拍摄的《中途岛之战》。这部电影堪称经典之作，准确而详实地演绎了整个海战的过程。

随着近来3D影视市场的火爆，前不久报道华纳兄弟公司准备斥资2亿美金以中途岛海战为题材，拍摄首部3D版"二战"史诗战争片，值得我们期待。

莱特湾海战
——史上最大海战

　　莱特湾海战（又称菲律宾海海战）发生在菲律宾莱特湾附近海域，是第二次世界大战期间太平洋战场上的一次重要的海战。莱特湾海战也是人类历史上迄今为止最大的海战，最终以反法西斯同盟军队的胜利、日本海军的溃败而告终。

海战速览表	
时间：1944年10月20日～10月26日	地点：菲律宾莱特湾附近海域

参 战 方：美国 指 挥 官：威廉·哈尔西	参 战 方：日本 指 挥 官：小泽治三郎

装　　备：航空母舰、巡洋舰、驱逐舰、战列舰、飞机、鱼雷等 投入军力：17艘航空母舰，18艘护卫航空母舰，12艘战列舰，24艘巡洋舰，141艘驱逐舰，鱼雷艇，潜艇等，约1500架飞机 损失情况：1艘轻型航空母舰，2艘护卫航空母舰，3艘驱逐舰被击沉	装　　备：航空母舰、巡洋舰、驱逐舰、战列舰、飞机、鱼雷等 投入军力：4艘航空母舰，9艘战列舰，19艘巡洋舰，34艘驱逐舰，约200架飞机 损失情况：损失4航空母舰，3艘战列舰，8艘巡洋舰，12艘驱逐舰

回眸历史

1944年是第二次世界大战的关键一年，北非战场的战事已经结束，意大利法西斯投降。在欧洲战场，斯大林格勒战役后，苏联红军开始战略反攻。随后盟军在诺曼底登陆，开辟了欧洲第二战场，法西斯德国处于两面夹击的局面，失败已经是不可避免了。在亚洲和太平洋战场上，中国战场也进入了战略反攻阶段。中途岛海战一役日本海军遭受重创，以美国为首的盟军扭转了太平洋战场的战局，日本法西斯处于崩溃的边缘，但是其本身的势力仍然没有受到致命损失，尤其是海军方面，日本也试图通过战略决战来扭转被动的局面。于是，一场海军的大决战不可避免。

海战爆发

1944年秋以美国为首的盟军制定了收复菲律宾的计划，不断地在菲律宾海域附近聚集兵力，同时日本也连续调兵遣将固防菲律宾地区，几乎派遣了自己全部的海军力量，随着双方在该地区的兵力逐渐增加，一场大决战不可避免。这场海战分为四个部分，由于发生在菲律宾的莱特湾附近海域，统称为莱特湾海战。

锡布延海海战

10月24日日本海军先锋栗田的舰队进入莱特岛东北的锡布延海。以美国为首的盟军航空母舰对其进行攻击，双方在锡布延海展开海空对决。海战中日本海军损失了1艘战舰，70多架飞

↑恩加尼奥角海战中"瑞鹤"号航母（左）遭攻击

↑锡布延海战中"普林斯顿"号航母着火

机，4艘战舰遭受到严重的损失，不得不返航。尽管盟军海军损失了1艘航空母舰，但是其影响程度远远小于日本。所以，日本海军不得不撤出战场。

苏里高海峡海战

10月25日凌晨，由西村率领的日本另一支先锋海军舰队，驶入苏里高海峡时恰巧遭遇到美国海军的增援舰队，后者是一支以重型战舰为主的增援部队，其实力远远优于日本海军。结果是显而易见的，仅仅几个小时的时间，西村的舰队几乎全军覆没，他本人也战死，只有几艘战舰逃了出去。

恩加尼奥角海战

10月25日，由小泽治三郎率领的日本海军主力舰队到达菲律宾的恩加尼奥角附近海域，以美国为首的盟军在第一时间得到了这一情报，立即派遣航空母舰编队展开攻击，舰载飞机和潜水艇给了日本海军猛烈的打击。战况空前惨烈，日本海军此役损失了4艘航空母舰，主力舰队遭受到了毁灭性的打击。小泽治三郎率其余部逃往日本。

萨马岛海战

10月25日清晨，由锡布延海撤退的栗田舰队到达萨马岛。而此时盟军海军的主力正在与小泽治三郎舰队激战，留守的仅有3艘美国护卫航空母舰编队。美国海军只能利用广阔的大海和多变的天气状况，采取且战且退的策略，一面与日本海军展开周旋，一面联络此时正在追击小泽治三郎舰队的盟军海军主力。由于战术得当，美国海军虽然付出了惨重的代价，但却为盟军海军及时的回援争取了时间。而此时日本海军已经损失了3艘重型战舰，主将栗田此时也意识到盟军的支援舰队就要到了，所以下令撤出战场。得知小泽治三郎败逃的消息后，栗田的舰队也不得不撤回日本，在撤离途中遭到盟军舰载机和潜艇的追击，损失惨重。

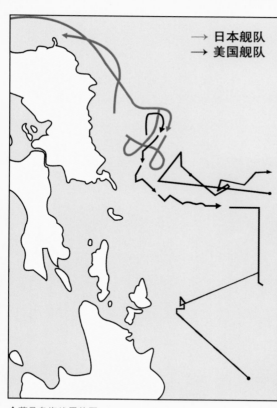

↑萨马岛海战局势图

↑锡布延海战中"大和"号遭攻击

　　小泽在战后受审时说："在这一战之后，日本的海面兵力就变成了绝对性的辅助部队，除了某些特种性质的船只以外，对于海面军舰已经是再无用场可派了。"

海战余响

　　莱特湾海战是第二次世界大战太平洋战场的最后一次大规模海战，同时也是人类历史上最大的一次海战。莱特湾海战中日本的海军力量几乎全部被摧毁。日本海军在此次海战后再也没有能力发动大规模海战，以美军为首的反法西斯同盟军取得了太平洋海域绝对的制海权。

海战武器与战术

　　莱特湾海战虽然规模巨大，但是在作战方法上并没有什么值得夸耀之处，实际上是双方利用各种新式武器进行的一场海上混战。不过，这次混战之后，日本海军就不再是一支强大的队伍了。

Link

日本神风特攻队

　　神风特攻队全称为神风特别攻击队，是全部由十六七岁的青少年组成的自杀性质的敢死队。该部队是由日本海军中将大西泷治郎倡导组建的，遵照"一人、一机、一弹换一舰"的原则，是在第二次世界大战后期日本为挽救其即将战败的不利局面组织的专门实施自杀式袭击的敢死队，日本人推崇的武士道精神是这支残酷部队的组织核心。当时，面对盟军的最后进攻，一批又一批稚气尚未脱尽的日本青少年，在空战中高呼"效忠天皇"的口号，驾驶飞机冲向对方与之同归于尽，让人觉得可悲可怜，也越发显示了军国主义对人性的摧残。

美国航母遭神风特攻队攻击

发射"战斧"式巡航导弹

"二战"之后的海上战争

Sea Battles After WW II

　　战舰在海面游弋，彰显着力量和尊严，人们在诅咒残酷战争的同时，也为这高科技的精妙武器而惊叹不已。这是一个科技与信息的时代，文明的发展让人类社会变得有章可循，希望捍卫世界和平成为此后海战的唯一使命。

本时期节选了导弹制导技术兴起的第三次中东战争海战；现代化海陆空协同作战的马岛战争；预示海战新时代——电子战技术到来的海湾战争。导弹与通信卫星相结合，精确制导与精准打击成为此时战争的主流技术，海战进入高科技时代。

第三次中东战争海战
——导弹成为新主角

　　第三次中东战争是埃及阿拉伯国家与以色列之间爆发的战争，根源是美国与苏联在这两个地区的资源之争。战争期间于1967年10月21日发生的海战具有特殊意义。此次战役首次运用舰对舰导弹，是海上战争划时代的改革，开创了舰载导弹发展的新纪元。

海战速览表

时间：1967年10月21日	地点：地中海东部海面
参 战 方：以色列	参 战 方：埃及等阿拉伯国家
投入军力："埃拉特"号驱逐舰	投入军力：3艘"蚊子"级导弹艇
损失情况："埃拉特"号驱逐舰被击沉	损失情况：无

回眸历史

　　1958年2月，埃及同叙利亚合并，成立阿拉伯联邦共和国（后于1961年9月28日取消联合），以色列倍感腹背受敌。1964年阿拉伯各国又出现大团结局面，叙利亚、约旦、黎巴嫩在成立巴勒斯坦解放组织以及利用约旦河的问题上，达成一致的协议。阿拉伯国家要改变约旦河上游的流向，旨在不被以色列所利用。而阿方的这一计划一旦得以实现，就会影响到以色列的生存问题，于是以色列决定再次以武力方式解决。当然战争的最深根源还是当时美、苏两个超级大国在中东地区的利益争夺。

　　1967年6月5日，以色列出动了全部空军和大部分的装甲部队，对埃及、叙利亚和约旦等阿拉伯国家进行大规模的突然袭击，发动了第三次中东战争。

　　1967年10月21日午后，埃及塞得港外的马纳湾海域，以色列海军的"埃拉特"号驱逐舰，正在执行例行巡逻任务。

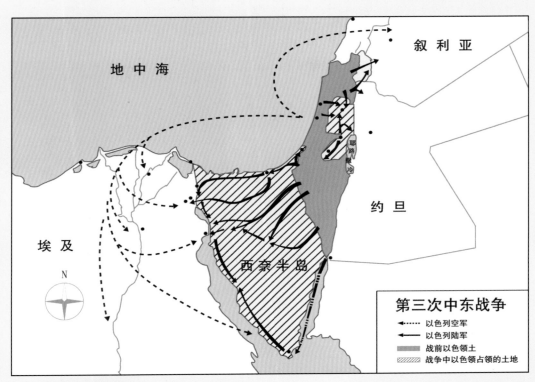

↑第三次中东战争局势图

17时30分，"埃拉特"号驶抵离塞得港约13海里的海域时，被埃及海军雷达发现。埃及的3艘"蚊子"级导弹艇立即出动，在"埃拉特"号航行到距塞得港11海里时，对它发射了2枚"冥河"导弹。事出突然，"埃拉特"号的官兵毫无戒备。正在舰上值勤的观测兵，发现塞得港方向闪出一道亮光，紧接着一个拖着尾巴的长条形"怪物"朝着军舰快速飞来，在惊慌失措之中拉响了警报。舰上值班的炮兵虽然用6门火炮对准了迎面飞来的"怪物"，可是没来得及开

↑"埃拉特"号驱逐舰

炮,那"怪物"突然拉高,然后径直向"埃拉特"号急速俯冲下来。转眼之间,第一枚导弹便击中了"埃拉特"号的锅炉舱,顿时浓烟滚滚,火光一片。大约1分钟后,第二枚导弹又凌空飞来,击中了"埃拉特"号的主机舱。驱逐舰受到严重破坏,舰上燃起大火,舰体进水后开始倾斜。

↑ 导弹发射

19时30分,埃及导弹艇又向"埃拉特"号发射两枚导弹,其中一枚击中该舰舰尾,另一枚稍后在该舰的救生艇刚起动时爆炸。只见"埃拉特"号缓慢地直立起来,后开始下沉。舰长无能为力,只好下令弃舰,水兵纷纷跳海求生。"埃拉特"号不久沉没,舰上以色列官兵202人,死47人,伤91人。4发4中击沉"埃拉特"号的来袭物,正是苏制的SS-N-2"冥河"反舰导弹,它们由水面舰艇发射,是首次用于实战的反舰导弹。

海战余响

此次海战之后，从1968年下半年开始至1970年8月停火，双方又进行了两年所谓的"消耗战"。旷日持久的中东战争给当地人民带来沉重的灾难，使中东局势变得错综复杂。大国的介入更使该地区危机四伏，造成阿拉伯国家和以色列直接矛盾重重。当时苏、美对中东的争夺加剧是导致此次中东战争的重要国际原因。

海战武器与战术

此次海战中，埃及在苏制"蚊子"级导弹快艇上发射了4枚SS-N-2"冥河"反舰导弹，便击沉了数千吨的以色列"埃拉特"号驱逐舰，震惊了世界。它开创了反舰导弹乃至整个舰载导弹发展的新纪元。导弹快艇也开始令人刮目相看，由此成为海军力量的重要组成部分，尤其成为中、小海洋国家进攻与防御的武器。这是历史上第一次导弹艇对驱逐舰的海战，创造了用舰载导弹击沉水面舰艇的纪录，在当时引起了很大的震动。

导弹艇

导弹艇是以舰载导弹为主要武器的小型高速水面战斗舰艇，可对敌大、中型水面舰船实施导弹攻击，也可担负巡逻、警戒、反潜、布雷等任务。导弹艇吨位小，航速高，机动灵活，攻击威力大；排水量为数十吨至数百吨（不超过500吨）；航行速度30～40节，有的可达50节；续航能力500～3 000海里。艇上装有巡航式舰对舰导弹2～8枚，20～76毫米舰炮2门，以及各种鱼雷、水雷、深水炸弹和舰对空导弹等；此外，还有搜索探测、武器控制、通信导航、电子对抗和指挥控制自动化系统。

↑ "冥河"导弹

1959年，苏联首先将"冥河"式舰对舰导弹安装在拆除了鱼雷发射管的P6级鱼雷艇上，改制成"蚊子"级导弹艇，这是世界上最早的导弹艇。

马岛战争
——现代化海战的代表

马岛战争是1982年4月到6月间，英国和阿根廷为争夺马尔维纳斯群岛的主权而爆发的一场战争。马岛战争对"二战"后的英国两栖作战能力是一个实际考验，同时对日后英国海军制定两栖作战方式以及制定两栖战舰的发展对策都提供了极有价值的启示。

海战速览表	
时间：1982年4月～6月19日	地点：马尔维纳斯群岛
参 战 方：英国	参 战 方：阿根廷
指 挥 官：特混舰队司令伍德沃德、登陆部队司令穆尔	指 挥 官：奥斯瓦尔多·加西亚中将、胡安·隆巴多少将、梅嫩德斯准将
装 备：飞机、水面舰艇、潜艇、大炮、坦克、导弹等	装 备：飞机、水面舰艇、潜艇、大炮、坦克、导弹等
投入兵力：1.2万人	投入兵力：1.4万人
损失情况：254人丧生	损失情况：712人丧生

回眸历史

马尔维纳斯群岛（也称福克兰群岛），位于阿根廷以南500千米处的大西洋洋面上，是南大西洋通往太平洋的战略要地。此前，英国人最先发现马岛并称之为福克兰群岛，西班牙在1770年通过接受转让取得马岛的主权，后阿根廷摆脱西班牙统治取得独立，宣布对马岛拥有主权。1833年，英国又以武力夺取了马岛，1843年往岛上派驻了第一位总督。为解决马岛的主权问题，阿根廷和英国进行了多次谈判，但一直收效甚微。1914年一战期间，英德曾在此岛附近海域发生激烈海战。

1981年，加尔铁里就任阿根廷总统不久，就制定了旨在收复马岛的"罗萨里奥行动"计划。1982年3月19日，阿根廷斯科蒂斯公司在南乔治亚岛利斯港拆除了一个旧鲸鱼加工厂后升起了阿根廷国旗，此举引起了英国的强烈不满。22日，英国外交部向阿根廷提出抗议照会，加尔铁里于是决定趁机实施"罗萨里奥"计划。

海战爆发

3月26日，阿根廷出动3支两栖特混舰队，于4月3日一举夺取了马岛，英驻军全部被俘，梅嫩德斯负责驻守马岛。

在得知阿根廷的行动后，英政府在马岛被占当天下午即召开内阁会议，成立了以首相撒切尔夫人为主席的战时内阁；制定了以武力为后盾，在政治、经济、外交等多方面施压，迫使阿根廷从马岛撤军，否则即以武力夺取马岛的战略方针；任命少将伍德沃德和穆尔分别担任特混舰队司令和登陆部队司令，准备出征。

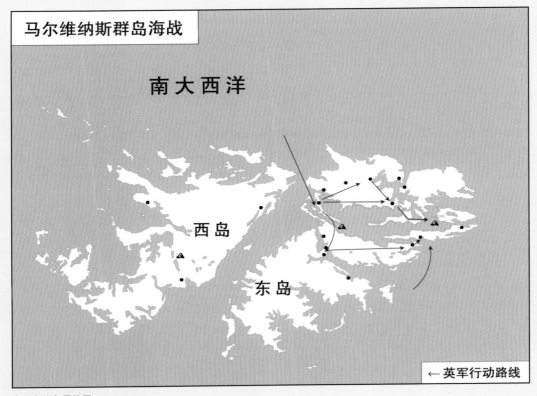

↑马岛战争局势图

国防部和海军计划出动各型海军舰船61艘，为保证长途作战补给问题，征用各类商船达67艘，特混舰队第一梯队于4月5日全速向马岛开进。

阿根廷也完善了岛上的行政和作战指挥机构，成立了南大西洋战区司令部，兵力达1.4万余人。阿军还按照东重西轻的原则，即重点防守马岛最东面的斯坦利港（阿根廷称阿根廷港，下同）在西部仅部署了少量守兵，其他地区分散把守，建立了防御部署。

4月12日，英军第一梯队的核潜艇先期到达马岛周围，开始对其周围200海里的海域实施封锁。4月下旬，英全部兵力到达指定海

↑ "贝尔格拉诺将军"号巡洋舰

域。26日，英军攻上南乔治亚岛，获得了进攻马岛的前进基地。30日，英军利用核潜艇、巡洋舰、近程地对空导弹、高射炮和飞机交织成一个立体火力网，将封锁圈从海上扩展到了空中，对马岛周围200海里的区域实施海空封锁，企图迫使阿根廷放弃马岛。

5月2日，英军"征服者"核潜艇在封锁圈外将阿军的"贝尔格拉诺将军"号巡洋舰击沉。4日，阿根廷3架"超级军旗"式战斗机向英国造价达2亿美元的"谢菲尔德"号军舰发射两枚"飞鱼"式制导导弹，同样给英军以极大打击。

战争期间进行的谈判失败后，英军加紧实施登陆作战计划，为迷惑阿军，伍德沃德派小股部队佯攻达尔文港和福克斯湾，吸引驻斯坦利港的阿军。同时，在高射炮、导弹和"鹞"式战斗机组成的防空体系的掩护下，英主力军从阿军防守最薄弱的马岛最西端登陆。5月21日凌晨，登陆行动全面展开，虽然遭到阿空军的猛烈反击，造成很大损失，但并未彻底破坏英军的登陆计划。至25日晚，第一梯队5 000多人连同3.2万多吨战略物资全部登陆完毕，至此，战斗从海上转移到了陆地。

27日，英军在陆上从南、北两路成钳形攻势向斯坦利港推进。阿军以一系列高地为依托，沿途埋下了大量地雷和障碍，只有一条阿军严密火力保护下的密道可以通行。

英军经过周密的勘测最终找到了通道，随即开始了对阿军的全面进攻。双方激战5小时，加尔铁里防线终被英军突破。6月14日，斯坦利港内的阿军投降。19日，历时74天的马岛战争宣告结束。

海战余响

这场战争中，阿军充分利用地形进行防御，但对英军作战企图和战略方向判断失误。英军以封锁策略对阿军施压无效后，改为武力解决策略；最后以构筑防御阵地、分进合击等灵活战术，一举击败阿军。

战争的失败，使阿根廷政局动荡，加尔铁里辞职。英国的胜利，加强了撒切尔夫人在英国的地位。战争中精确制导武器的应用，改变了传统海战的模式，动摇了以吨位和火力衡量实力的观念，为战争史中海战的防空和反潜丰富了内容。

海战武器与战术

马岛战争期间双方在战斗中大量使用导弹，军界称这场战争为"导弹时代的首次战斗"。这场战争中使用的先进武器有各类战术导弹、制导鱼雷和激光制导导弹，现在都统称为精确制导导弹。海战中英军使用了空对舰、潜对舰等制导导弹；阿军也使用了一些战术导弹。这些比1973年第四次中东战争使用的战术导弹型号更多、品质也更为先进，是导弹使用历史上的里程碑。

"贝尔格拉诺将军"号的毁灭

马岛战争中，英国"征服者"号潜艇击沉了阿根廷第二大舰"贝尔格拉诺将军"号巡洋舰，造成阿根廷368名士兵死亡。在此之前，双方虽有交火，但没有人员伤亡。击沉"贝尔格拉诺将军"号使战争进一步升级，举行和谈的愿望化为泡影，而下令击沉"贝尔格拉诺将军"号的正是撒切尔夫人。"贝尔格拉诺将军"号事件不只是军事问题，更多的是政治和外交问题，这成为马岛战争一个争议最大的问题。争议的焦点是，是否有必要击沉"贝尔格拉诺将军"号？撒切尔夫人的目的是什么？

一种观点站在撒切尔夫人一边，认为战时内阁同意攻击"贝尔格拉诺将军"号，是因为军事顾问指出"贝尔格拉诺将军"号可能配备致命的飞鱼导弹，将其击沉可以挽救许多生命，此举在军事上是正确的。

与此相对立的观点是英国不应该击沉"贝尔格拉诺将军"号，并认为撒切尔夫人此举的目的在于激怒阿根廷，借对方的手撕毁秘鲁前总统贝朗德提出的和平建议。他们怀疑撒切尔首相的领导品德，其中的代表就是工党议员泰姆·戴利埃尔。他指出，下令击沉"贝尔格拉诺将军"号的唯一目的就是要粉碎贝朗德和平计划。

海湾战争
——高科技凝聚的战争

 1991年1月18日，以美国为首的多国部队在海湾地区集结了247艘舰船，兵力达6万余人，对伊拉克发起了第一次反舰攻击。经过42天的战斗，多国部队以较小的代价取得决定性胜利，重创伊拉克军队。伊拉克最终接受联合国660号决议，并从科威特撤军，这即是著名的海湾战争。

 此次战争是"冷战"结束后美军主导参加的第一场大规模局部战争。战争中，美军首次将大量高科技武器投入实战，展示了其压倒性的制空、制电磁优势。

海战速览表	
时间：1991年1月17日～2月28日	地点：波斯湾
参 战 方：以美、英为首的多国部队 **指 挥 官**：施瓦茨科普夫	**参 战 方**：伊拉克 **指 挥 官**：萨达姆·侯赛因

装　　备：电子战飞机EC-130H、爱国者导弹、M1系列坦克、"罗斯福"号航母等 **投入军力**：247艘舰船、兵力6万 **损失情况**：美国：148人阵亡（非战斗死亡138人），458人受伤（非战斗受伤2 978人）；其他国家：阵亡192人，伤318人	**装　　备**：飞毛腿系列导弹、T-72坦克、米格尔系列战机、航母等 **投入军力**：178艘舰船、兵力20万 **损失情况**：伤亡约10万人（其中2万人死亡），17.5万人被俘；损失了绝大多数的坦克、装甲车和飞机，29个师丧失作战能力

↑ "密苏里"号向伊军阵地发射炮弹

回眸历史

　　第一次世界大战前，科威特是奥斯曼土耳其帝国伊拉克的一个省份，"一战"期间，英国占领科威特促使其独立，但伊拉克拒不承认科威特的独立。20世纪80年代在伊拉克与伊朗的战争中，伊拉克欠下科威特战争借款达140亿美元，战后无力偿还，受到科威特的经济威胁。为了免除借款，更为了在两伊战争再次爆发时有足够的资源储备和对外港口（第一次两伊战争中，伊拉克在波斯湾的港口都被炸毁），伊拉克以"科威特自古就是伊拉克的领土"为口号，企图武力占领。

　　科威特地处海湾地区，拥有丰富的石油资源，伊拉克的占领行动引起以美国为首的其他石油进口大国的恐慌，再加上全世界人民反对武力侵略的舆论力量，8月2日，联合国安理会通过了谴责伊拉克违反联合国宪章，要求其撤军的第660号决议，遭到伊拉克反抗后，联合国授权以美国为首的多国部队于1991年1月16日开始对伊拉克军队发起军事进攻。

海战爆发

　　负责中东地区防务的美军中央总部拟定了"沙漠风暴"行动计划。1月18日，即"沙漠风暴"行动的第二天，多国部队对伊发起了第一次反舰攻击。入夜时分，"尼克拉斯"号驱逐舰和科威特"独立"号快艇向伊拉克海军占领的道拉油田发起了海湾战争中的首次海上战斗。随后，多国部队加紧了对伊水面舰艇的攻击。24日，美国"罗斯福"号航母上的A-6攻

↓美国海军A-6E攻击机

击机击毁了一艘伊拉克布雷舰和1艘巡逻快艇。30日，多国部队在波斯湾北部的布比延岛附近进行了"沙漠风暴"行动期间规模最大的一次海上攻击作战。后来，多国部队的反舰力量攻击了伊拉克部署在海岸上的"蚕"式反舰导弹发射场。

另外，还有多国部队的舰炮火力支援，其任务是配合两栖部队和地面部队作战。美战列舰"密苏里"号和"威斯康星"号分别在装有高级水雷避碰声纳的"柯茨"号和"尼古拉斯"号护航下，穿过已开辟的雷区通道，驶至预定火力支援区。随后，"密苏里"号战列舰利用舰上的406毫米巨型火炮，猛烈轰击了伊拉克军队C3掩体、火炮阵地、雷达站和其他目标。 在"威斯康星"号和"密苏里"号战列舰舰炮火力的有效支援下，多国部队地面部队突破伊拉克防线。

主要战斗包括历时42天的空袭以及在伊拉克、科威特和沙特阿拉伯边境地带展开的历时100小时的陆战。多国部队以较小的代价取得决定性胜利，重创伊拉克军队。

"威斯康星"号发射"战斧"式巡舰导弹

海战余响

伊拉克军队的失利，使其最终接受了联合国660号决议，从科威特撤军。海湾战争是世界两极体系瓦解、"冷战"结束后的第一场大规模局部战争。它深刻地反映了世界在向新格局过渡时各种矛盾的变化，也是这些矛盾局部激化的结果。

海战武器与战术

海湾战争是机械化战争时代向信息化战争时代的重大转折点。

战争中保留了机械化战争的最先进样式，连续38天的空袭是以空中力量为主配合大量的精确制导武器对敌人的远程攻击，是一种非线式作战，没有前后方、没有明显的战线划分，开辟了许多新的战争样式。这是在核威慑下的20世纪最典型的高技术局部战争，对现代化的战争具有深远的影响。

海湾战争中，一种新的空袭作战样式——导弹精确空袭战形成。海湾战争中，停泊在海湾地区的美国军舰向伊拉克防空阵地、雷达基地发射了百余枚"战斧"式巡航导弹，使伊拉克各项工作处于瘫痪状态，标志着机械化作战模式完全让位给信息化作战模式，号称世界第四军事强国的伊拉克一败涂地，毫无还手之力。

从总统到囚犯

萨达姆·侯赛因，1937年4月出生在提克里特的一个农民家庭。20岁时加入阿拉伯复兴社会党。1979年，就任伊拉克总统，并兼任伊革命指挥委员会主席、总理和阿拉伯复兴社会党地区领导机构总书记，集党政军大权于一身。

就任总统以后，萨达姆在政坛上纵横捭阖，历经战火，始终牢牢地控制着政权。上任后不久，其曾利用巨额石油收入，加速国内经济建设。但20世纪80年代爆发的历时8年的两伊战争使伊拉克经济遭受重创。1990年，又由于入侵科威特而引发海湾战争，联合国随即对其采取了包括武器核查在内的全面制裁，使伊拉克经济雪上加霜。

2003年3月20日，美英借口伊拉克仍在研制或已经拥有大规模杀伤性武器，对伊实施军事打击，伊拉克战争爆发。4月9日，美军占领巴格达，萨达姆政权垮台。同年12月13日，一直下落不明的萨达姆在其家乡提克里特被美军生擒。2004年1月，美国宣布萨达姆为战俘；此后，其一直被关押在伊拉克的一座秘密监狱中。2004年6月30日上午，驻伊多国部队把萨达姆移交给了伊拉克特别法庭，经审判，2006年11月5日被判处绞刑，并于12月30日当地时间清晨6时5分执行，终年69岁。

隆隆炮声犹然在耳，缕缕硝烟依然眼前。回望历史，你是否也在思索：战争带给人类的究竟是什么？　诚然，战争有时承担着促进历史进程的使命，把世界带入下一个文明时代；但更多时候，战争就是侵略和杀戮，将人类推向苦难的深渊！

　　和平与发展是新时期的主题，我们有责任去努力，让世界各国人民都关爱互助，共同维护全球大家庭，让人类不再遭此重创！

致　谢

　　本书在编创过程中，中国海洋大学的相关同志以及青岛乐道视觉创意设计工作室等机构和个人在资料图片方面给予了大力支持，在此表示衷心的感谢！书中参考使用的部分文字和图片，由于权源不详，无法与著作权人一一取得联系，未能及时支付稿酬，在此表示由衷的歉意。请相关著作权人见到声明后与我社联系并获取稿酬。

　　联　系　人：徐永成

　　联系电话：0086-532-82032643

　　E-mail: cbsbgs@ouc.edu.cn

图书在版编目（CIP）数据

海战风云/干焱平主编. —青岛：中国海洋大学出版社，2011.5
（畅游海洋科普丛书/吴德星总主编）
ISBN 978-7-81125-684-0

Ⅰ.①海… Ⅱ.①干… Ⅲ.①海战-青年读物　②海战-少年读物
Ⅳ.①E843-49

中国版本图书馆CIP数据核字（2011）第058777号

海战风云

出 版 人	杨立敏		
出版发行	中国海洋大学出版社有限公司		
社　　址	青岛市香港东路23号		
网　　址	http://www.ouc-press.com	**邮政编码**	266071
责任编辑	陈琳　电话　0532-85901092	**电子信箱**	ouccll@yahoo.com.cn
印　　制	青岛海蓝印刷有限责任公司	**订购电话**	0532-82032573（传真）
版　　次	2011年5月第1版	**印　　次**	2011年5月第1次印刷
成品尺寸	185mm×225mm	**总 印 张**	95
总 字 数	800千字	**总 定 价**	398.00元

畅游海洋

科普丛书

初识海洋

奇异海岛

海洋生物

航海探险

壮美极地

海战风云

探秘海底

船舶胜览

魅力港城

海洋科教